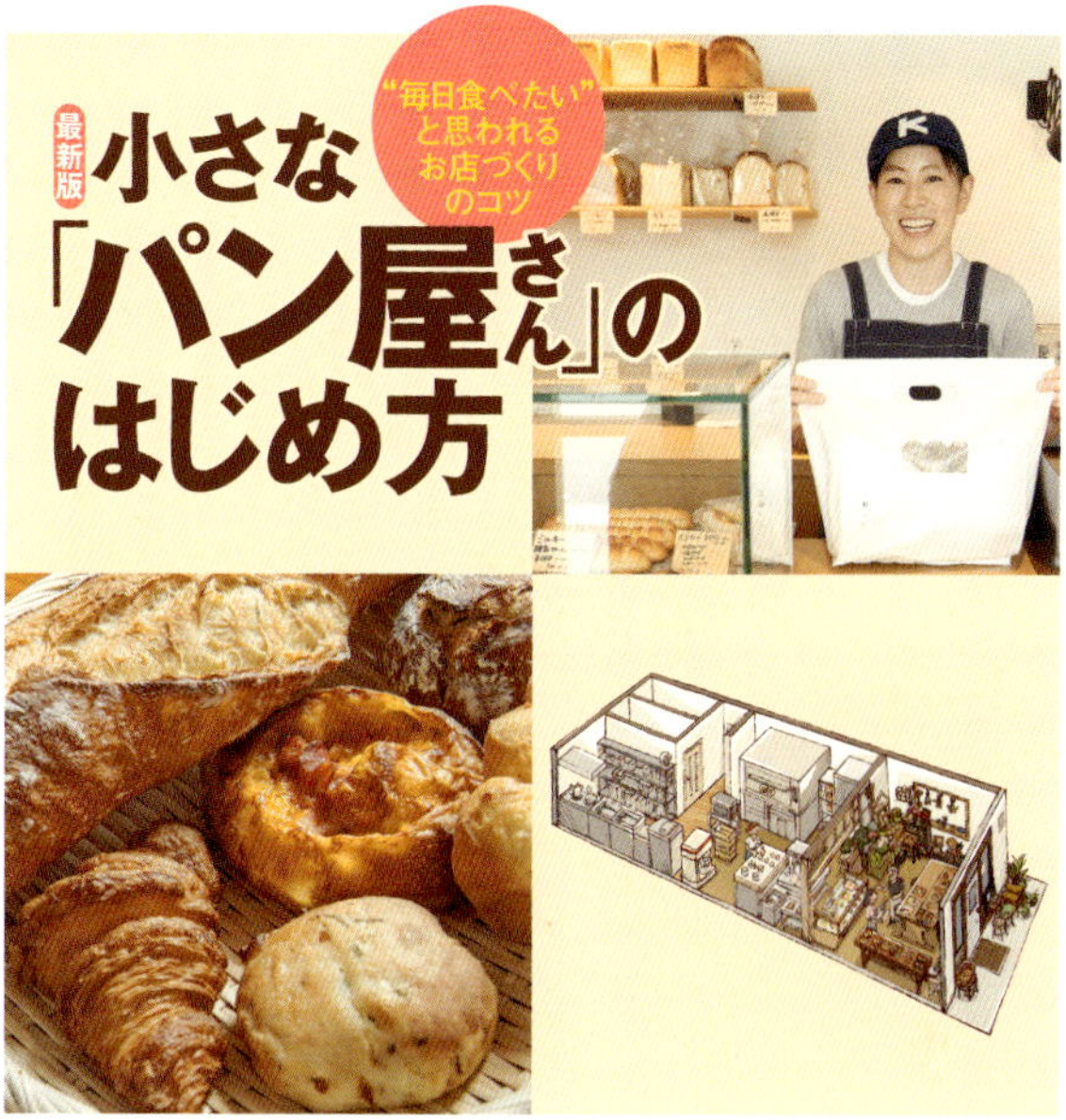
"毎日食べたい"と思われるお店づくりのコツ
最新版
小さな「パン屋さん」のはじめ方

河出書房新社

introduction

毎日食べてもらえるパンづくりと 美味しさの提案でお客さまに愛される—— そんな出会いと発見のあるパン屋さんになりたい！

焼き立てのパンの香りに誘われてパン屋さんに入ってみると、個性的なパンが並んでいます。

定番のハード系、食パンはもちろん、バゲットを使って注文を受けてつくるサンドイッチが人気です。また果物やナッツを使った甘いヴィエノワズリーは華やかな色を添えています。誰からも愛されるカレーパン、あんパン。ラスク、スコーンなど、焼き菓子も不動の位置を占めています。

いくつもの人気店でお話をうかがううちに、パンとは「食に寄り添うもの」「毎日食べてほしい」という声をたくさん耳にしました。

たとえば、パン屋さんの域にとどまらず、多様な食の提案をする「365日」。パリ修業で培った技術を生かして日本人向けのパンをつくる「ブーランジュリー　ボネダンヌ」。まるでカフェのように過ごせる「SONKA」。長野県からパンと生活文化を発信する「わざわざ」では自由なパン屋さんのあり方を見ました。

そこでは自家製酵母を起こし、国産小麦を使ったり独自のフィリングを仕込んで、どこにも出せない味と、食欲をそそる見た目が基本です。

狭い店では売り場は大人２人でいっぱいになってしまうほど。たまに何のお店かわからない外観も。しかも駅から遠い住宅地にあるので、お客さまのほとんどがリピーターのようです。

今やパンは、日常的にどこでも買うことができます。とくに駅前や商店街にあるコンビニやスーパーには数多くのパンが並んでいます。

ですから、わざわざ10分以上もかけて、まして車でお店に来てもらうには、いかにお客さまの期待に応えるかがポイントになります。

たとえば、パン以外の商品も置いて、より美味しくパンを食べてもらったり、パンにはどんなワインやチーズが合うかご案内したりすることも普通に行われています。パンづくりの技術とともにお客さまとの会話や交流、日ごろのコミュニケーションは欠かせません。そこに、小さなお店ならではの出会いと発見があります。

では、実際にパン屋さんをはじめるには、どんな準備が必要になり、お店はどうやってつくるのか、そしてお客さまを呼ぶためのポイントなどについて見ていくことにしましょう。

パン＆パン屋さんアンケート

いかに美味しいパンがつくれても、お客さまに喜んでもらえなければ意味がありません。いかに腕に自信があっても、自己満足にならないように注意も必要。今のお客さまが何を求めているのかを知っておくことも、パン屋さんをはじめるための大切な下準備の一つといえます。

●ベーカリーでパンを購入する理由は？（%）

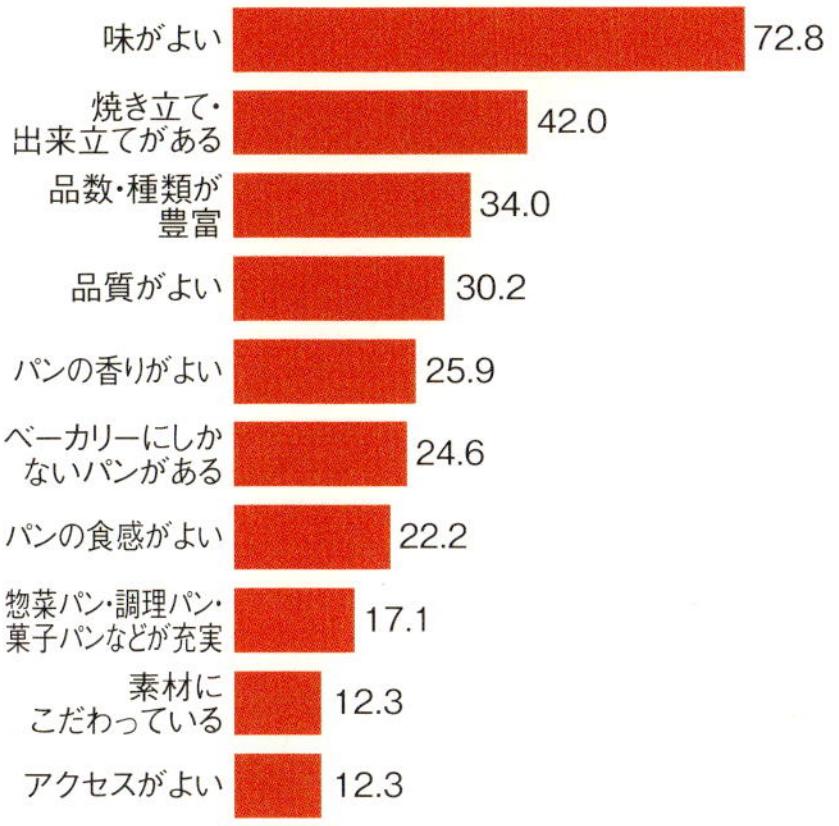

味がよい 72.8
焼き立て・出来立てがある 42.0
品数・種類が豊富 34.0
品質がよい 30.2
パンの香りがよい 25.9
ベーカリーにしかないパンがある 24.6
パンの食感がよい 22.2
惣菜パン・調理パン・菓子パンなどが充実 17.1
素材にこだわっている 12.3
アクセスがよい 12.3

出典：マイボイスコム（株）「パン屋・ベーカリーショップ」に関するインターネット調査（2016年6月）より一部抜粋

●パンを購入するのは、どんな時ですか？（%）

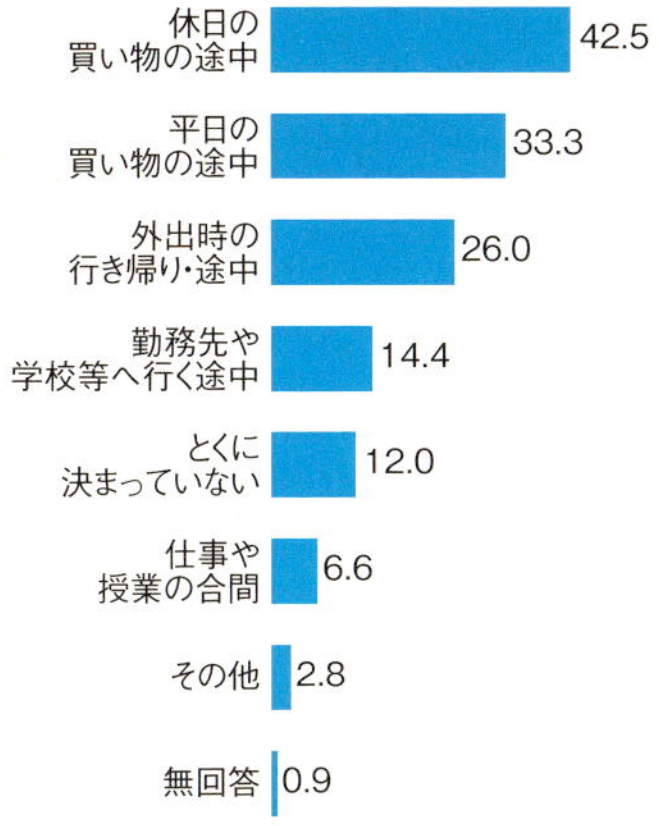

休日の買い物の途中 42.5
平日の買い物の途中 33.3
外出時の行き帰り・途中 26.0
勤務先や学校等へ行く途中 14.4
とくに決まっていない 12.0
仕事や授業の合間 6.6
その他 2.8
無回答 0.9

出典：マイボイスコム（株）「パン屋・ベーカリーショップ」に関するインターネット調査（2016年6月）

●よく利用するベーカリーでパンを購入する時間帯は？（%）

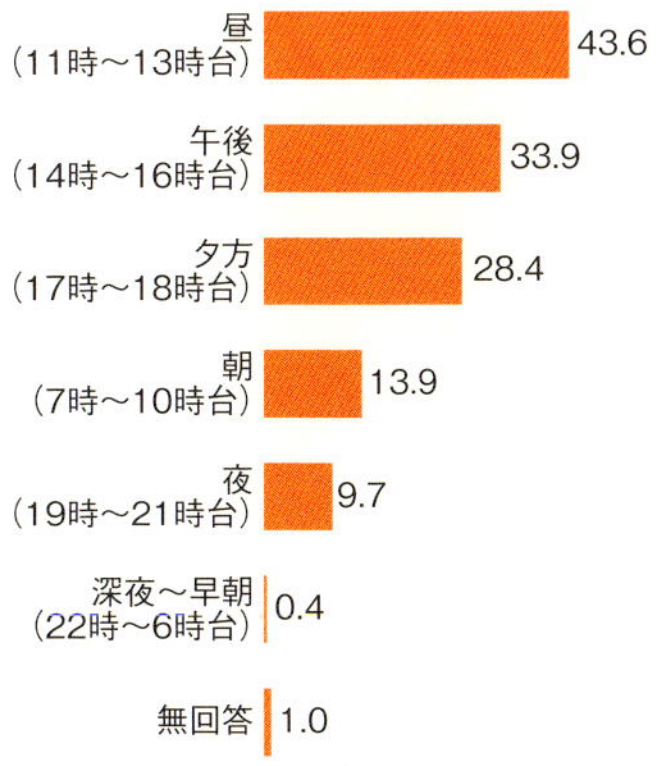

昼（11時〜13時台） 43.6
午後（14時〜16時台） 33.9
夕方（17時〜18時台） 28.4
朝（7時〜10時台） 13.9
夜（19時〜21時台） 9.7
深夜〜早朝（22時〜6時台） 0.4
無回答 1.0

出典：マイボイスコム（株）「パン屋・ベーカリーショップ」に関するインターネット調査（2016年6月）

●購入したパンを食べるのはいつですか？（%）

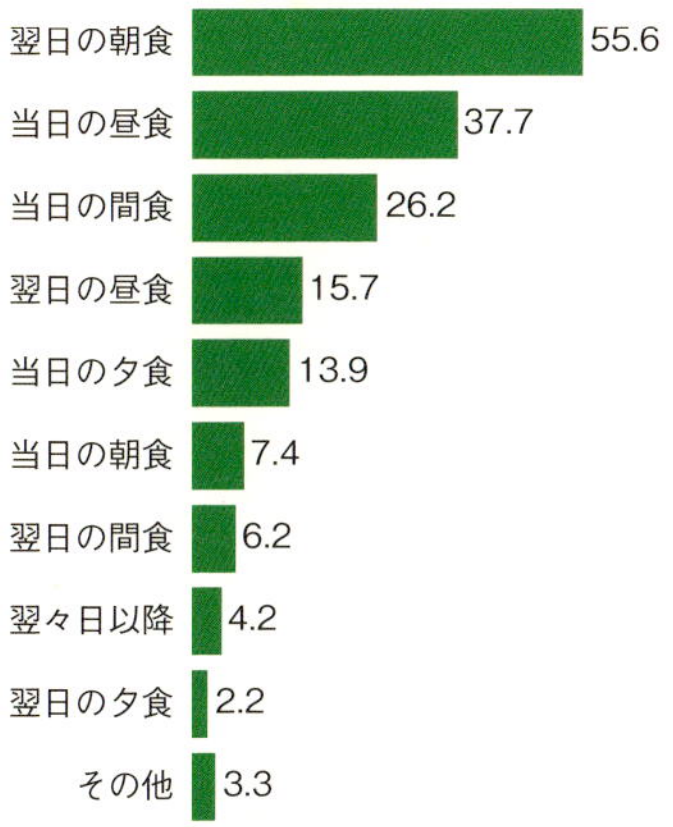

翌日の朝食 55.6
当日の昼食 37.7
当日の間食 26.2
翌日の昼食 15.7
当日の夕食 13.9
当日の朝食 7.4
翌日の間食 6.2
翌々日以降 4.2
翌日の夕食 2.2
その他 3.3

出典：マイボイスコム（株）「パン屋・ベーカリーショップ」に関するインターネット調査（2016年6月）より一部抜粋

contents

category3 誰からも愛される普段使いのお店

category4 地方からパンと食文化を発信

part 2

小さなパン屋をはじめる前に知っておきたいこと

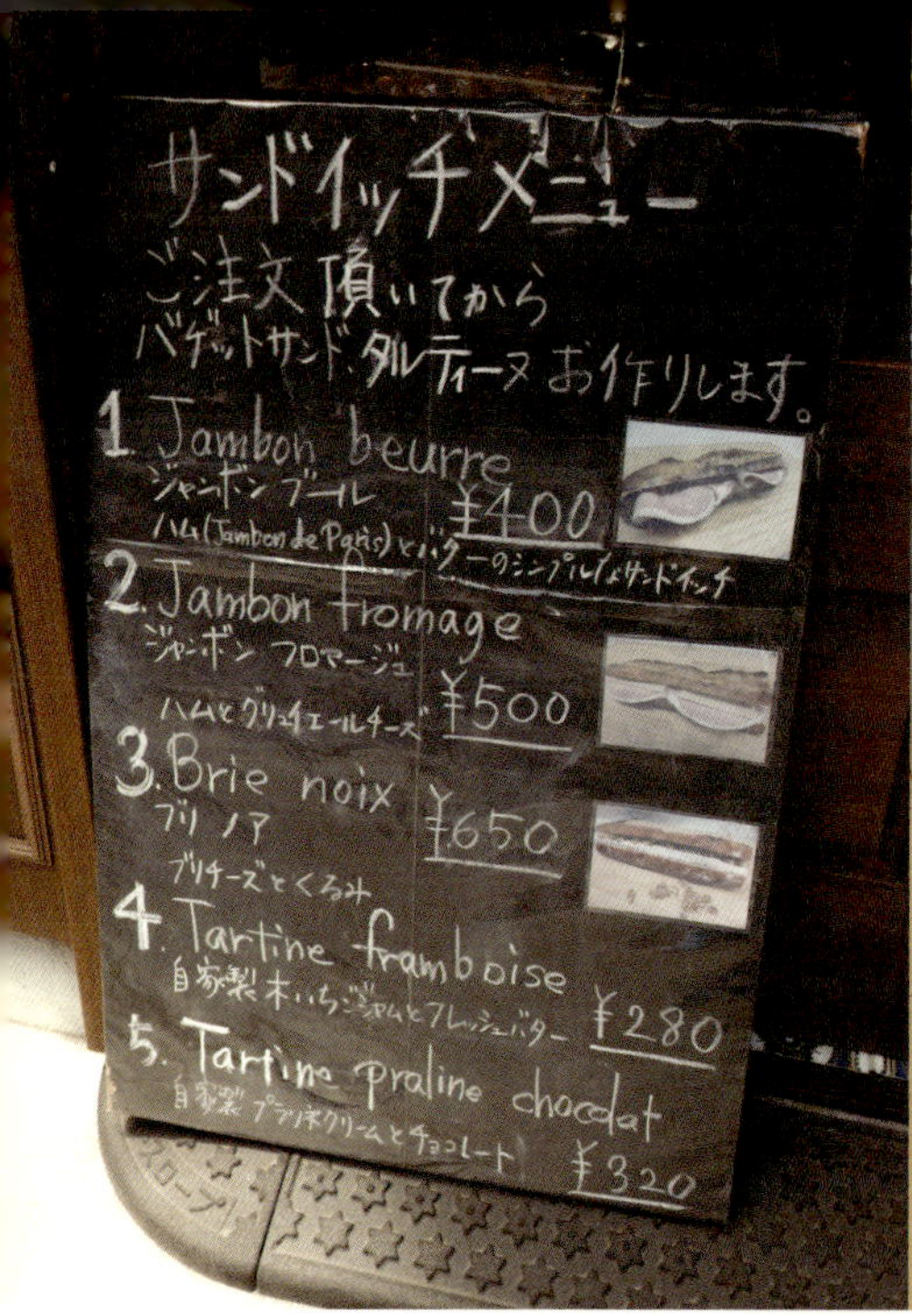
サンドイッチメニュー
ご注文頂いてから
バゲットサンド、タルティーヌお作りします。
1. Jambon beurre
ジャンボンブール
¥400
ハム(Jambon de Paris)とバターのシンプルなサンドイッチ
2. Jambon fromage
ジャンボン フロマージュ
ハムとグリュイエールチーズ
¥500
3. Brie noix
ブリ ノア
¥650
ブリチーズとくるみ
4. Tartine framboise
自家製木いちごジャムとフレッシュバター
¥280
5. Tartine praline chocolat
自家製プラリネクリームとチョコレート
¥320

美味しさと魅力を知りたい!

話題のパン屋さんがあるという地をめざして、
東京から神奈川、そして京都から大阪、
さらに長野や栃木へと足を延ばした。
——ネットや雑誌、もちろん街で評判のお店。
——パリで修業した経験を持つパン職人のお店。

part 1 話題のパン屋10店の

——お馴染みのパンが美味しい普段使いしたいお店。
——地方に移住して、こだわりのパンを焼くお店。
今、人気のお店をこの4つのカテゴリに分けたうえで、
地元でいち早く愛されるようになったコツを見てみたい。
その美味しさと魅力を探っていこう!

プロの料理人に愛される、食事とワインに相性のよいパンづくり

OPEN 2012.4

HANAKAGO

奥行きのある売り場の壁に沿って、約25種類のパンをディスプレイ。お客さまに選んでもらうセルフ式を採用している。

お客さまが選んだパンをレジカウンターまで運ぶと、厨房で店主の花籠さんがパンづくりに集中しているのが目に入る。

食事やワインを美味しくさせるパンづくりを心掛けています。「食材屋」のような存在でありたいですね。

くわしくは P.017 で

開業資金	950万円
・自己資金	350万円
（公庫からの借入れ600万円）	
〈内訳〉	
・物件取得費	50万円
・設備費	450万円
・内外装費	250万円
・運転資金	200万円

HANAKAGO《ハナカゴ》

住所▶京都府京都市中京区室町通六角下ル鯉山町516-4
TEL▶075-231-8945
営業時間▶8:00～18:30
定休日▶日曜・月曜
交通▶京都市営地下鉄烏丸線烏丸御池駅から徒歩４分、烏丸駅から徒歩５分

(右上) 道路から入口まで距離があるために、目印になるように置き看板を設置している。(左上) 飲食店のお客さまが来店したらいつでも手渡せるように、バゲットは取り分けている。(左下) 壁と天井を彩るのは、桜の花のモチーフ。京都のパン屋らしい華やかなあしらいだ。

普段は使っていない2階でワインに合うパンの提案をするイベントなど、新しいことにもチャレンジしたいですね。

レストランなど飲食店への卸販売からスタート

京都一の賑わいを見せる四条河原町から少し離れ、南北に抜ける一方通行路を歩くと、ビルの合間に画廊や京料理のお店が昔ながらの佇まいを見せはじめる。

ここ「HANAKAGO」も、道路際に「花かごパン」という置き看板がなければ、パン屋だとは思えない趣のある店頭だ。

2012年、オープン当初は現在地から100メートルと離れていない場所にあったが、15年に移転。広さは以前より約2倍になったという、奥行のある店内。狭い通路を背にして左手にテーブルを置き、焼き上がったバゲットやクロワッサン、クリームパンなどを並べている。

お店を訪れるのは、広い年齢層の一般客に加え、レストランやバーなどの飲食店関係者が多いのが特徴。プロの料理人に愛用されるパン屋として、その名前を知られている。

現在、卸売りをするのは、「HANAKAGO」のパンでなければという35店を数える。そのきっかけは、オープン以前にさかのぼるという。

開業ストーリー

1998
製菓店の雇われ店長をはじめ、大阪や東京の有名レストランに勤務

2001
修業のためにフランス・ブルゴーニュへ渡る。当初の目的は、お菓子づくりとワインの勉強だったが、パンづくりにも触れる

2003
フランスより帰国。レストランでパティシエとして勤務するほか、製菓学校の非常勤講師としても活躍

2012.4
最初のお店をオープン。パンづくりを本格的にスタート。店頭販売のほかに、10店の飲食店へのパンの卸売りも行う

2015.3
現在地に移転オープン。17年7月現在で、卸売り先は35店に拡大

毎朝
手づくり！
BREAD
MENU

料理＆パンが互いに引き立ち、ワインにも合うと評判の味

（上）手前から時計回りに、「チェダーチーズとベーコンのパン」（230円）、北海道産小麦のキタノカオリ100％の「もっちりバタール」（296円）、国産ハチミツと相性のよいブルーチーズを合わせた「ブルーチーズとハチミツのパン」（170円）。（下）バゲットなどのハード系のパンのディスプレイ。

店主の花籠賢俊さんが製菓店で働いていたころ、知人の飲食店に自分のつくったパンを卸してみたら、「この美味しいパンつくったの誰やねん？」という評判が広まっていった。その流れで「お店でもやろうか」と決意したのだという。

「店を持ちたいという夢があったわけでもなく、皆が美味しいといってくれたのが後押しになりました」

食事やワインと相性のよいパンを考える

かつてはレストランのパティシエとして活躍していた花籠さんがパンづくりに目覚めたのは、フランス・ブルゴーニュでの修業経験からだ。

当地でデザートの勉強をしようと思っていたが、フランス人と同じように暮らすうちに、パンのある生活が楽しくなっていったのだという。

「フランス語も覚えたかったし、現地での生活を楽しみました。それで自分の店をやれば好きなことを自由

にできるだろうと。ただし、お金にならないと意味はないですからね」

オープン当初はバゲットしかつくれなかったと、花籠さんは謙虚にいうが、それでは商売が成り立たない。パンづくりをするうえで役立っているのは、レストランに勤務していたころにシェフからいわれた「お客さまに何を食べさせたいか、はっきりさせろ」という言葉だったという。

たとえば普通のパン屋なら、ノアレザンは定番のひとつだが、ブドウの甘みは食事には不向きとの思いから置いていない。よいクルミがあれば、それに合う生地はどんなものが最適かを考えている。

自分が好きなワインを飲んでいても、こんなパンが合うのではないかと、常に考えて、お店のパンに採り入れていった。

「パンづくりを本格的にやり出したのは、前の店をはじめてから。だから自己流が多いんです」

意外にも、パンづくり歴は5年と

(上) 手前から時計回りに、フランスでの思い出がこもった「クロワッサン」(180円)、オレンジの果皮を加えた口溶けのよい「ブリオッシュナンテール」(230円)、「九条ネギのフォカッチャ」(170円)。(下2点) クロックムッシュやベーコンエピといったビールなどにもよく合うパンも揃う。

バゲットを使ったサンドイッチは、生ハムとチーズを挟んだ「夕暮れのカスクルート」、たっぷり塗ったバターとサラミを挟んだ「夜のカスクルート」(各300円)がある。おすすめのワインも併せて販売。

月曜日は製菓学校で非常勤講師をしています。いつかケーキを出す日が来るかもしれませんね

（右）使いこむことで魅力的な味わいを増すテーブルは、花籠さんがひと目で気に入って購入した。（中央）お店のパンを使っている飲食店のショップカード。イタリアンやビストロ、ワインバー、バルなど、さまざまなお店に愛用されていることがわかる。（左）パンを入れる袋のロゴの色は、トリコロールに色分けしている。

長くはないが、パン好きの間では今や知る人ぞ知る存在である。

自分しかつくれないパンを見つけることが大切

店頭に出すパンの種類は約25種類、4分の1程度がバゲットやクロワッサンなど食事とともに味わえるものだ。そのほかに「ブルーチーズとハチミツのパン」（170円）や「チェダーチーズとベーコンのパン」（230円）などの食事系もあり、手に取りやすい価格帯に抑えている。

パンをチーズやワインとともに食べる食習慣は、日本でも珍しくなくなっている。そんな時代背景もあり、花籠さんは、自らをパン屋であるよりも「食材屋」でありたいと語る。

「うちのパンにソーセージなどを載せていないのは、お客さんに美味しくしてほしいから。こんなワイン買ったんだとか、今晩シチューつくるんだというお客さんには、じゃあ、こんなパンはどうですか？　とおすすめしたりすることもあります」

たくさんの種類を揃えるだけでは、コンビニと変わりない。自分はフランスと同じように、食事に寄り添うパンをつくろうという思いでやってきたと、花籠さんは語る。

またパン屋は体力勝負であることから、無理をしないことが大事だ。そして、パン職人である前に経営者としての自覚も必要になる。

そのために、花籠さんは効率的なパンづくりにも気を配る。日々、焼成の時間や温度設定、時間を短縮したり延ばしたり、どうすれば無駄がなくなるかを考えているという。

「少子化時代のなか、パン屋はどんどんできています。だから、これからパン屋をはじめるなら、自分だけのものを見つけることが大事です」

その言葉どおり、ビストロやワインバーなど、ジャンルの異なる卸先の飲食店と組んでコラボパンを商品化するなど、パン好きならずとも見逃せないお店なのである。

京町家を思わせる入口から
焼き立てに出会えるHANAKAGOワールドへ

PLAN DATA

広さ：売り場４坪、厨房５坪（２階は９坪）
施工〜完成まで：約60日

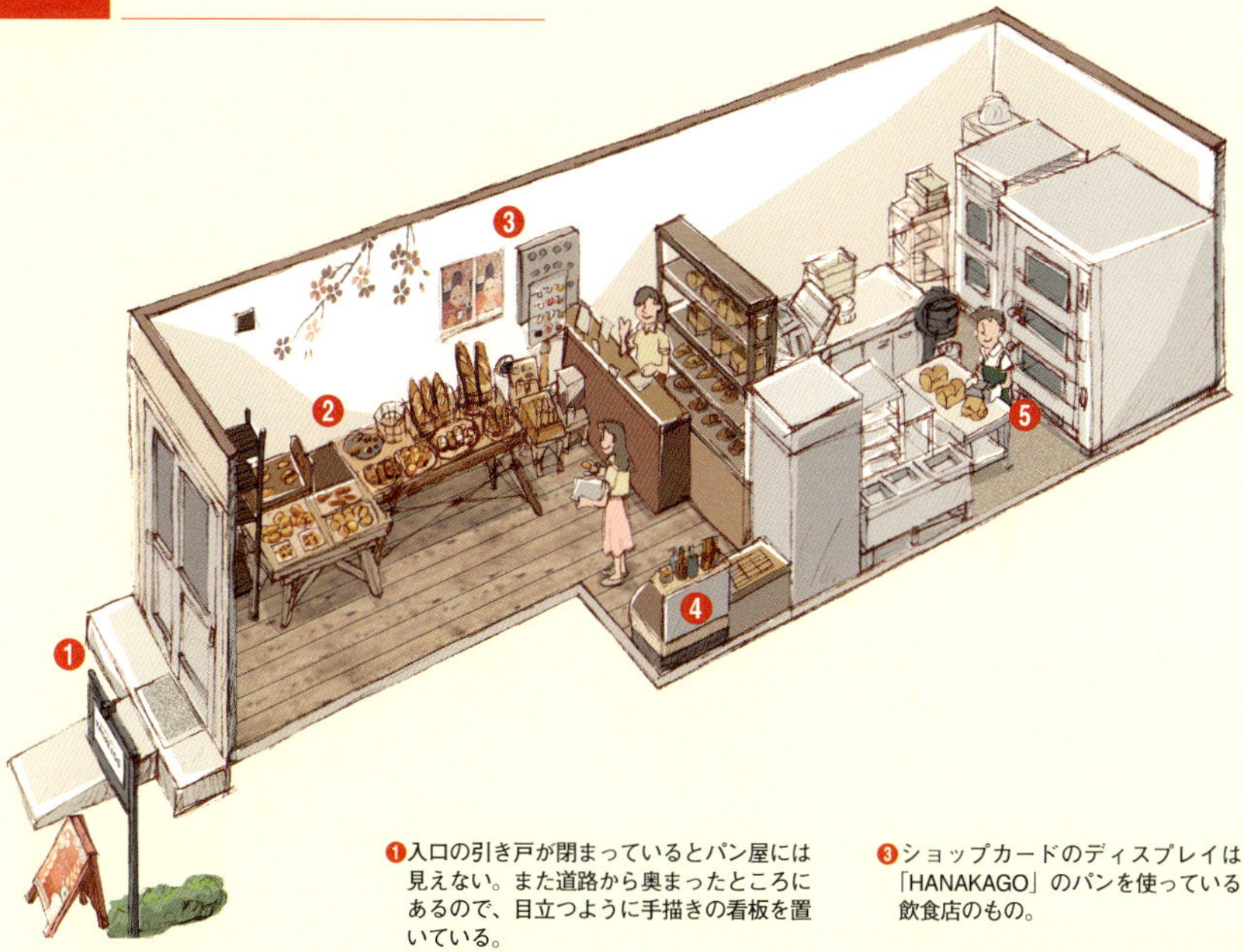

❶入口の引き戸が閉まっているとパン屋には見えない。また道路から奥まったところにあるので、目立つように手描きの看板を置いている。

❷趣のある家具類がパンによく似合っていて、どんな味なのか期待させる。

❸ショップカードのディスプレイは「HANAKAGO」のパンを使っている飲食店のもの。

❹バゲットサンドのカスクルートは、ワインやチーズなどと一緒に冷蔵ケースに。

❺売り場と厨房を間仕切る壁がないので、花籠さんが作業に専念している様子が目に入る。

■ お客さまの声

パン好きであちこちのパン屋さんに行ってるのですが、京都は今出川通りに有名なお店が多いですね。家が遠くてなかなか来られないですが、ここ「HANAKAGO」はシンプルなパンなら何でも美味しいですよ。クリームパンも好きで来るのが楽しみです。

パンだけにこだわらず「食」全般を応援したい！

OPEN 2013.12
365日

店に入ると、いきなり食パンやクロワッサンなどが、5段の陳列棚にずらりと並んでいるのが目に飛び込んでくる。

お客さまがほしいパンを伝えれば、スタッフが一つひとつピックアップする対面販売のスタイルを採用している。

くわしくは P.023 で

僕は料理人であり
パン職人ではない。
ただ、お客さまに
店に来てほしいだけ。
そのためには
パンにこだわる必要はない

開業資金	5000万円
・自己資金	1500万円
(3500万円は借入れ)	
〈内訳〉	
・物件取得費	100万円
・内外装工事費	2300万円
・設備機器費	2000万円
・運転資金	600万円

365日
住所▶東京都渋谷区富ヶ谷1-6-12
TEL ▶03-6804-7357
営業時間▶7:00〜19:00
定休日▶なし（2月29日のみ休み）
交通▶小田急線代々木八幡駅から徒歩1分、東京メトロ千代田線代々木公園駅から徒歩すぐ

（右上）6席のイートインコーナー。サンドイッチやコーヒーのほか、ビールやワインなども味わうことができる。（左上）2つの駅の近くでありながら、ひっそりとした場所に佇む。「このエリアには、駅ビルや地下街ができる要素がない」（杉窪さん）と判断したのも、この地にお店を構えた理由の一つだ。（下）パン以外にも、食にまつわるさまざまな商品を取り揃えている。

10代のころから、飲食業界で独立するビジョンは立てていました。

表現の幅が広いパンで展開を図る

小田急線代々木八幡駅と、東京メトロ千代田線代々木公園駅から徒歩すぐのところにある「365日」。

2013年12月にオープンすると、瞬く間に地域住民の心をつかみ、現在では1日の平均来店客数は500人を数え、年商は1億円を超える人気店となっている。

オーナーシェフの杉窪章匡さんは、高校中退後、独立心を抱いて、飲食業界の道に入った。職人人生のはじまりは、パティシエ。24歳でホテルのシェフパティシエに就任、27歳でフランスに渡り、2つ星、1つ星のレストランで修業を積んでいく。帰国後、青山のパン屋「デュヌ・ラルテ」でシェフを務めたのち独立を果たした。

なぜ、お菓子ではなく、パンの道を選んだのか。

「僕は料理人であり、お菓子もパンも、あるいは料理であっても、垣根はないんです。独立にあたり、まずはパンを中心に置いたのは、お惣菜があったり、甘いものがあったりと、お菓子に比べて、表現の幅が広いと

開業ストーリー

1996
高校中退後、飲食業界の道に。24歳でシェフパティシエに

2000
渡仏。2つ星レストラン「ジャマン」、1つ星レストラン「ペトロシアン」で修業

2002～2013
帰国後、いくつかのパティスリーでシェフを務める。その後、「デュヌ・ラルテ」で7年間シェフを務める

2013
独立。9月に「テーラ・テール」（名古屋）、10月に「ブルージャム」（福岡）などのパン屋をプロデュース。12月に「365日」をオープン

いう点が大きな理由の一つでした」

同店をオープンする前、杉窪さんは、13年9月に「テーラ・テール」(名古屋)、10月に「ブルージャム」(福岡)といったパン屋をプロデュース。興味深いのは、「365日」を含めて、同じレシピは一つもないという点だ。


そこには、パンはそれぞれの土地の今の食文化に沿ったものをつくるべきだという思いがある。

海外のパンの真似ではなく今の食文化に合わせる

「日本のパン屋は海外のパンをただ真似してるケースが多い。そんなパンをつくって『かっこいい』と思ってしまっている。僕はそれが『超ダサい』と感じるんです。今の時代に合ったものを、さらに、その土地に合ったものをつくらないと、お客さまに支持されるはずはありません」

その土地に合った味覚を知るために、杉窪さんは「一番マーケティン

毎朝手づくり! BREAD MENU

美しい見た目と美味しさの、すべてを調整してバランスを取る

(右上)「クロッカンショコラ」(290円)。アクセントとして金箔が飾られている。冷やしても美味しい。(右中)「白こしあん×あんぱん」(170円)。十勝産の白インゲン豆を口当たりなめらかな漉しあんに。(右下)「365日×食ぱん」(1本280円、1/2本150円)。(左上)「十勝小豆×あんぱん」(170円)。特別栽培の小豆を使ったコクが特徴。(左下)「100%＝ソンプルサン」(230円)。北海道産小麦の穂香を使用した、もちもちの食感。

グに力を入れているのはコンビニという観点から、地域性の出る「おにぎり」を食べて、具材のヒントを得るなど、さまざまな努力をする。

食材に関しては、今手に入る一番のものを使うスタンスだ。フランスのレストランでの修業中、フランス各地から、毎日届く旬の食材に魅せられ、食材はもちろん、生産者や栽培方法にまで関心を抱くようになったという。仕入れ先は、ときには質がよければ業界5位、6位といったところを選択することも多い。

「僕のなかでは、仕事をするうえでは、社会貢献がセットになっているんです。業界全体を盛り上げることは、いつも考えています」

仕入れた食材は、ジャムやクリーム、ベーコンなど、店内でさまざまなパンの具材となる。こうした自家製のこだわりは、美味しさの追求のためもあるが、スタッフの育成——つまり社会貢献という視点もある。

「食材を加工できるスタッフが増え

上段手前の「北海道×食ぱん」（1本400円）は、北海道の原材料だけを使用したリッチなパン。2段目は主力商品の「365日×食ぱん」。福岡県産みなみの穂と北海道産ゆめちからを1対1でブレンド。1本280円。

見た目は重要視していますが、その見た目で美味しさが失われるのであれば、その美味しさを保つように、すべてを調整してバランスを取っています。

パンのお供にしたい、プラム、白桃、ブルーベリーの手づくりコンフィチュールやバターなども販売。

「自家製ベーコン×クリームチーズサンドイッチ」（550円）と、バリスタが淹れる「15℃ブレンド」（450円）。

365日

（右上）店名の下には「食＋食－食×食÷食」の文字。そこには「食材と食材をプラスすることで新しい発見がある。そして、そこから引き算することによって食材の旨味を引き出す。さらに、そこには相乗効果が生まれ、最後はそれを大切な人と分かち合う」（杉窪さん）という思いがある。（右下・左上）パン屋は薄利多売の商売であるため、ある程度の広さは確保すべきという判断から、厨房スペースを広く取った。（左下）柴田ケイコさんのイラスト入りオリジナルバッグ。

ることで、独立する機会も生まれます。そして、それによって生産者の卸先も増えていきます」

イートインの設置には複数の理由がある

同店に6席のイートインスペースがあるのは、パンの販売に加え、カフェの提供も行うことで、そこに働き甲斐が生まれ、それがスタッフの確保につながるという狙いもある。

そして同時に、店内にお客さまが座っていると、ほかのお客さまも入店しやすくなるという理由もある。

同店はパンの種類が豊富で、常時50種類以上が並ぶ。20坪の店内は、その10坪が厨房スペースだ。パン屋は薄利多売の商売であり、労働環境など、いろいろなことを改善しようと考えたら、たくさんつくる必要がある。そのために厨房スペースを広く取っているのである。

また、パンの種類を絞らなかったのはビジネス的な視点も大きい。初号店ということもあり、絞ることでイメージが付くのを避けたのだ。

そればかりか、16年までは朝7時から11時まで、ごはん類の提供も行っていた。

「当店をパン屋だと考えたことはありません。僕は料理人であって、パンの職人ではないですし。ただ、お客さまに店に来てほしいだけ。そのためには、パンにこだわる必要はないじゃないですか」

16年3月、同店のすぐ近くに姉妹店のカフェ「15℃」をオープン。ここでは現在も、朝ごはんやハンバーガー、サンドイッチなどが楽しめる。

「『365日』の厨房が手狭になったので広げたかった。そうしたら、ちょうどいい物件があったので、姉妹店として『15℃』を立ち上げました。今後も、パン屋のノウハウを生かしながら、食全般を応援していき、お客さまをはじめ、生産者、スタッフといった人たちが幸せになるように取り組んでいきたいですね」

効率性を考えて
厨房は約20坪と広めに

PLAN DATA

広さ：売り場10坪、厨房10坪
設計〜完成まで：約6カ月

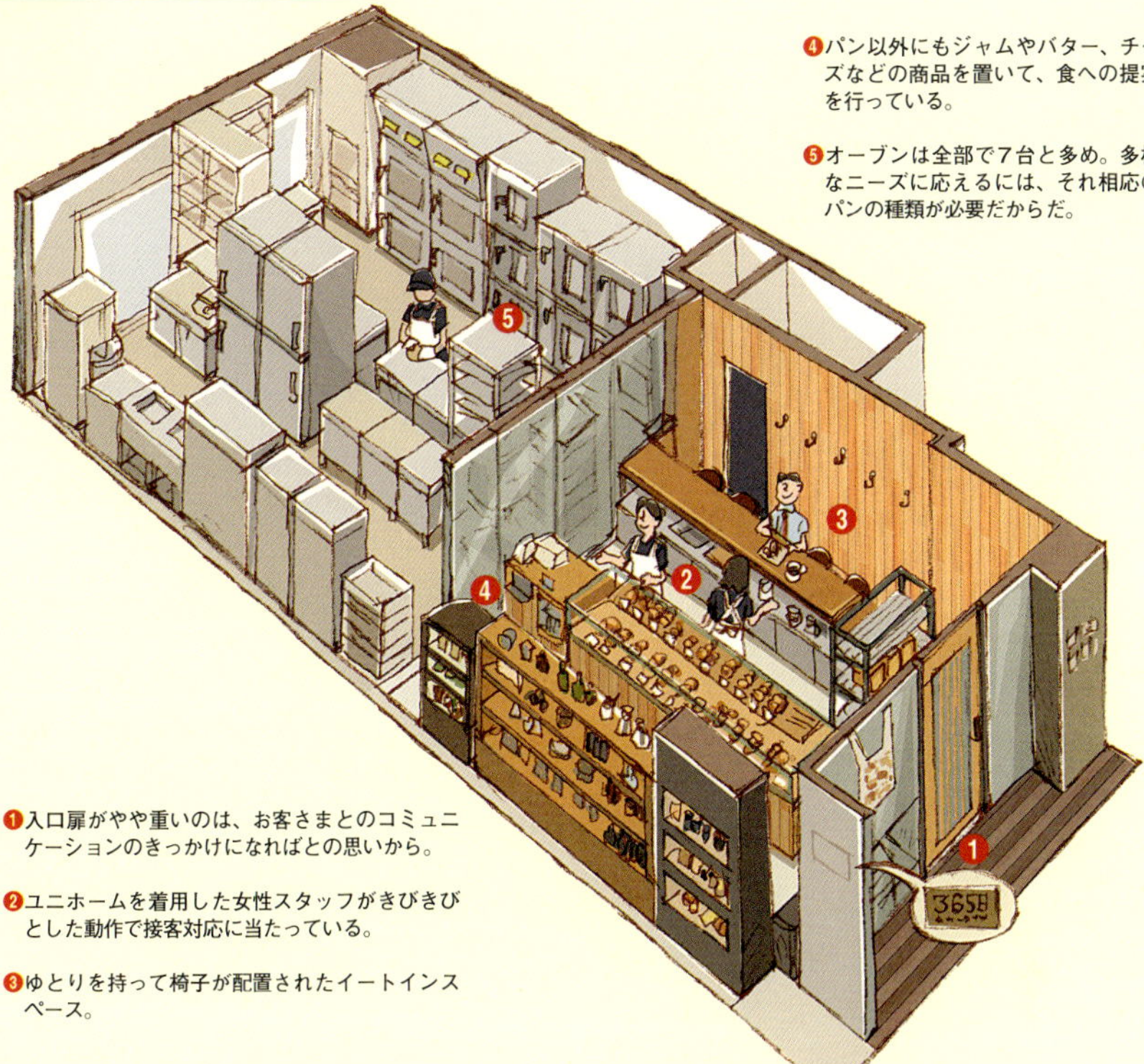

❹パン以外にもジャムやバター、チーズなどの商品を置いて、食への提案を行っている。

❺オーブンは全部で7台と多め。多様なニーズに応えるには、それ相応のパンの種類が必要だからだ。

❶入口扉がやや重いのは、お客さまとのコミュニケーションのきっかけになればとの思いから。

❷ユニホームを着用した女性スタッフがきびきびとした動作で接客対応に当たっている。

❸ゆとりを持って椅子が配置されたイートインスペース。

■ パンのディスプレイ

ガラスケースの上には、見た目の美しい商品を並べてお客さまの注目を集めている。また、下段には「クロッカンショコラ」や「あんぱん」など、人気商品がズラリ。お客さまに持ち帰りにかかる時間を聞いて、商品によっては保冷剤を添えて提供。

お客さまに足を運んでもらい、手に取ってもらうための可能性を探る

小さなレンコンのあしらい方が可愛らしい「日替わりタルティーヌ」(380円)。

契約農家の畑を表現したという、季節の野菜を使った赤味噌の和風フレンチトースト「ハタケ」(420円)。

ココがいいね！

・自分がつくりたいものより、お客さまがほしいものをつくる
・どうしたらお客さまに足を運んでもらえるかを考える
・ほかの商品を買うお客さまに、パンを買ってもらうための努力

パン屋であっても、パンだけつくって売るのは間違い

杉窪さんは、いきなり切りだした。

「もし友人が『レンタルビデオが好きだから、その商売をしたい』といったら、どうしますか？　今はニーズがないと止めると思うんですよ。同じように、パン屋の数も減ってきている。それなのに、多くの人が『自分がつくりたいから』という感じで、パンづくりをしている。それは違うと思うんです」

杉窪さんの両祖父は、輪島塗の職人。彼らは決して「自分がつくりたいから」ではなく「クライアントのためにつくっていた」と話す。

「コロッケパンを売るパン屋で、お客さまに『コロッケだけほしい』といわれたら、コロッケも売るべきだと思います。どんどんパン屋が減っているうえにスーパーやコンビニのパンが台頭している今、どうしたら、わざわざ足を運んでもらえるか。僕はそれをずっと考えています」

スーパーやコンビニの
パンが台頭している今、
どうしたら、
わざわざ足を運んでもらえるか
それをずっと考えてます。

食にまつわる雑貨類も、店内で販売している。

ハンドカットグラスやコースターも販売。

野菜は、全国の契約農家から仕入れている。農薬や化学肥料を使用しない野菜で、杉窪さん自身が「美味しい」と感じたものを販売する。

ごはん派、お酒派の心もつかむ姉妹店「15℃」もオープン

店名「15℃」は地球の平均気温から命名。杉窪さんがイートインやテイクアウトを充実させた「総合食料品店」としてオープンさせた。朝ごはんをはじめ、ランチタイムにはサンドイッチやハンバーガー、夕方5時からは地ビール、オーガニックワインなどのお酒やおつまみを提供。「365日のパン盛り合わせ」（300円）や「パテドカンパーニュ」（900円）のほか、あさりの香草白ワイン蒸し、トリッパのトマト煮など、本格的なメニューを楽しめる。

「365日」のパンに合うようにブレンド、焙煎されたオリジナルコーヒー。なお、イートインコーナーでは、この豆でバリスタがコーヒーを淹れる。

姉妹店のカフェ「15℃」では、モーニングとして朝ごはんを用意しているが、これには明確な理由がある。「朝食って、ごはん派とパン派で分かれます。そうなると、ご飯派の方は、当店には足を向けません。でも、両方あれば来ます。お店では牛乳も売っていますが、それだけを購入するお客さまもいらっしゃいます。でも、その方が5回に1回はパンを買う可能性もある。そうした努力が必要なんだと思っています」

「368日」のすぐ近くにオープン。こちらも多くのお客さまで賑わっている。

パリのブーランジュリーをそのままに、香りまで再現したパンと焼き菓子のお店

OPEN 2013.7

ブーランジュリー ボネダンヌ

Sandwiches
1 Jambon beurre ジャンボンブール ハムとバター ¥400
2 Jambon fromage ジャンボンフロマージュ ハムとグリュイエールチーズ ¥500
3 brie noix ブリノア ブリーチーズとくるみ ¥650
パテサンド 自家製パテとカンパーニュ ¥550
5 Tartine framboise 自家製木いちごのジャムとフレッシュバター ¥280
6 Tartine Praline chocolat 自家製プラリネクリームとチョコレート ¥320

正面の平台には、バゲットトラディションやカンパーニュなどの食事パンや、クロワッサン、ヴィエノワズリーなど人気商品が並ぶ。

入口横には焼き菓子コーナーがある。パンと焼き菓子合わせてアイテム数は約30程度。

パリで意気投合したパン屋の店主とは今も連絡を取り合っています。いずれはフランスでお店を持ちたいですね

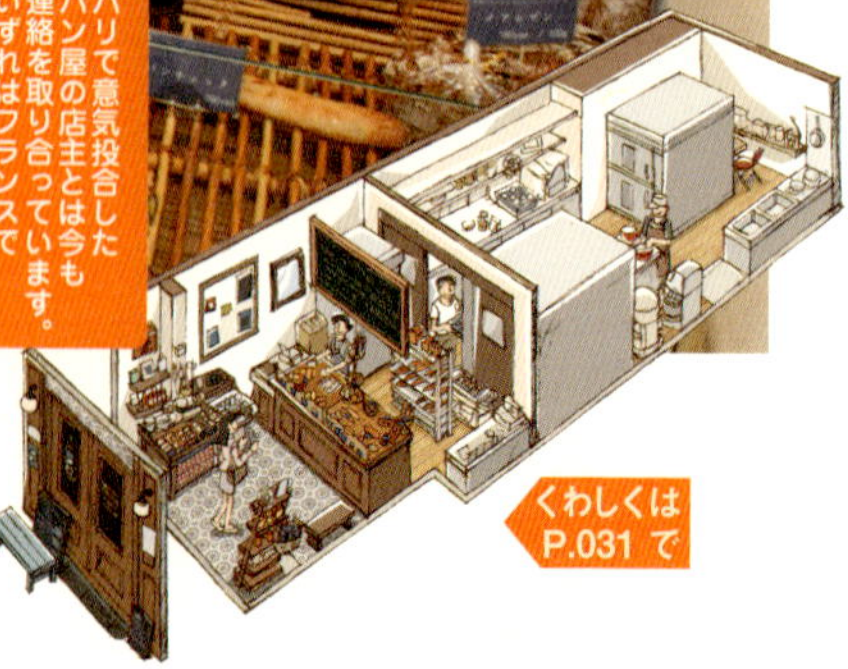

くわしくはP.031で

開業資金　約1200万円

- 自己資金　400万円
  (800万円は借入れ)

〈内訳〉

- 物件取得費　150万円
- 内装工事費(電気・ガス工事含む)　550万円
- 厨房設備・機器　400万円
- 仕入れ・運転資金　100万円

Boulangerie《ブーランジェリー》 BONNET D'ANE《ボネダンヌ》
住所▶東京都世田谷区三宿1-28-1
TEL ▶03-6805-5848
営業時間▶8:00～19:00
定休日▶月曜・火曜
交通▶東急田園都市線三軒茶屋駅から徒歩13分

Boulangerie Patisserie
BONNET D'ANE
TEL 03(6805)5848
rue Alphonse daudet

（右上）ラスクやクッキー、フルーツケーキ、ガトーショコラなどが並ぶ焼き菓子のコーナー。パティシエとしての経験も豊富なので、味は折り紙つき。ちょっとした手土産に最適。（左上）オーブンはフランス製の石窯。厨房機器はすべて中古か新古品で揃えた。厨房機器は故障も多く、メンテナンス費用のプールは必要。（下）白いテントが目を引くファサード。住宅街の人通りの多い生活道路に面している。

香りは、こんなにも味に影響を与えるんだと、パリで学びました。その記憶を頼りに酵母を起こしてます。

時間が経つほどに芳醇な香りと旨味が増す熟成パン

パンは焼き立てがもっとも美味しく、時間が経つほど固くなり風味も落ちてくる、というのが常識かもしれない。しかし「ブーランジュリーボネダンヌ」のパンにはそれが当てはまらない。

たとえばカンパーニュ。しっかりと焼きこんだ皮に、美しい気泡のある中身はしっとりしていて、ほどよい酸味のある香り。口に入れると、その香りとともに、熟成したチーズのように濃厚な旨味が広がる。

2日め、3日めと時間が経つほどに、芳醇な香りと熟成した旨味が増すのだ。「焼いた当日と翌日では、香りが違います。水分が飛んで、香りが開いてくる2日めのほうが美味しいですよ」と店主の荻原浩さん。

カンパーニュ、シャルポンティエなど食事系のパン5、6種類は、100グラム150円で量り売りをしている。量り売りには、大きいサイズで焼いても2日かけて売れるというメリットがある。

荻原浩さんのパンづくりのこだわりは「香り」。香りを軸にするよう

開業ストーリー

2002
パティシエとして勤めていたお店を辞め、パリへ。3つの菓子店で働く

2004
帰国し、日本の洋菓子店で働く

2006
再びパリへ。チョコレート店で半年くらい働いた後、14区のパン屋で働く

2010
帰国。五反田のブーランジュリー＆ビストロ「パン オ フゥ」の立ち上げに関わる

2013.7
「ブーランジュリー ボネダンヌ」をオープン

毎朝手づくり！
BREAD MENU

手間を惜しまず技術でカバー！子どもが小銭で買えるパンづくり

上から時計回りに「きなこパン」(220円)、こんがりとろけたチーズが絶妙な「きのこのクロックムッシュ」(350円)、「レモンパイ」(350円)、はちみつがけの「くるみとゴルゴンゾーラ」(280円)。食欲をそそる姿形のパンたち。

(上)「パン屋のマドレーヌ」(160円)はバニラの香りが口に広がる。焼き立てのマドレーヌが楽しめるのはこの店ならでは。(下)人気商品のひとつ「パン屋のガトーショコラ」(300円)。

になったのは、フランス・パリで修業した経験からだ。

もともとはパティシエとしてキャリアをスタートさせた。東京の洋菓子店で働いた後、修業のためにフランス・パリへ渡った。そこで、「香りはこんなにも、美味しさに影響を与えるんだ」と実感した。

「日本では、サクサク、もちもちといった食感に対する意識が強い。一方フランスでは、香りを表現する言葉がすごく豊か。パンでも必ず匂いを嗅ぎますね」

パリの菓子店で1年半働いた後、帰国して洋菓子店に勤めたが、再びパリへ。パリで美味しいと思ったのは、「パンと野菜とチョコレート」という荻原さんは、今度はパリのチョコレート専門店で働いたが、最終的に選んだのはパンの道だった。

パリにあるような嗜好性の高いチョコレート専門店は、日本にはまだ馴染まない。パンであれば、日本でも生活に密着したお店ができる、そう考えての決断だった。

チョコレート店の師匠の紹介で、パリの南のはずれ、14区のパン屋さんで働くようになった。

美味しいパンとお菓子を売る、地元の人に愛されるお店だ。店主は自分と同世代ですっかり意気投合した。

4年間、毎日夢中になってパンを焼いた荻原さんは、その経験を胸に帰国。今のお店を開業した。

パリのパン屋が原点
地元に愛される店にしたい

「ボネダンヌ」のある東京・世田谷の三宿といえば、おしゃれな飲食店が集まるエリアとして知られている。

しかし荻原さんは、そんなイメージに魅かれたわけではない。駅から離れた住宅街で生活に密着したお店を出したい、と不動産会社に相談したところ、たまたま紹介されたのがこの物件だった。

住宅街の生活道路に面していて、おじいちゃん、おばあちゃん、一人

2日め、3日めと時間が経つほど味わいを増すカンパーニュ（100g150円）。

サンドイッチは注文を受けてからつくる。バターと自家製の木イチゴジャムをたっぷり塗った人気の「タルティーヌフランボワーズ」（280円）。

素材を前面に出すのではなく、技術でカバーできるところは、その手間を惜しまず、努力しています。

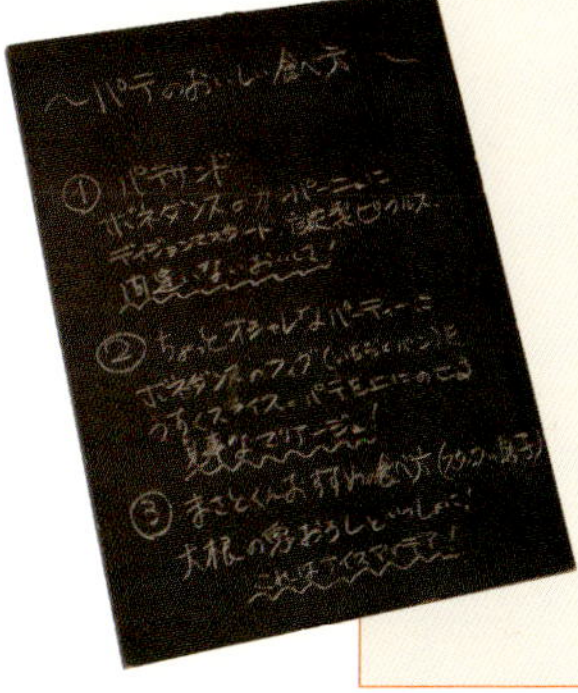

ちょっとした手土産にもよい焼き菓子が豊富。

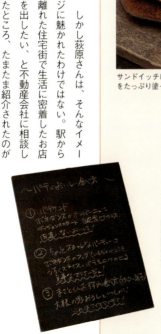

店内の備品は、パリでの修業時代に、いつか自分のお店を出すときのために蚤の市で買い集めたもの。（右下）平台の上の黒板には、サンドイッチとタルティーヌのメニューが書いてある。注文するとすぐにつくってくれる。

暮らしの若者、子どもたちと、いろんな世代の人たちがお店の前を通る。さまざまな人の暮らしが感じられるところが気に入ったという。

内装は、パリのパン屋の定番スタイル、アラベスク模様のタイルとシャンデリアに決めた。

タイルは日本でアンティーク風のものを探し、その他の材料も内装業者に指定して、パリのお店の雰囲気を忠実に再現している。

素材に頼るのではなく、技術で美味しくする努力

パンの酵母は、パリのお店で使っていたものをそのまま日本に持ち帰って試したが、うまくいかなかった。

酵母は香りの基になるので、その再現はとても重要だ。

「香りの記憶を頼りに、ライ麦粉から起こした酵母を使っています。結果として、ほかにはない酵母ができたかなと思います」

小麦はフランス産を基本に、パンによって、石臼挽き粉をブレンドし、香りを引き出している。材料は良いものを使うに越したことはないが、販売価格を考えるとその落としどころが難しい。

荻原さんには、「子どもが小銭を持って買えるパン屋でありたい」という思いがある。だからこそ、素材に頼るのではなく、技術でより美味しくできる部分は、その手間を惜しまず、できるだけの努力をしたい、と考えている。

店舗面積12坪、職人は荻原さんを含めた2人という規模ながら、1日300〜500個のパンを売る。週末は、人気のバゲットサンドだけで、1日120〜130個売れる。

自ら「宣伝は苦手」という荻原さん。パリと日本で学んだことすべてを生かし、日々、いいものをつくり続ける努力をしてきた結果が、開業から4年経って、実を結んでいる。

そしていつか再びパリで、自分のお店を持ちたいと考えている。

人の暮らしが感じられる住宅街で
パリのパン屋の雰囲気を忠実に再現

PLAN DATA

広さ：12坪
設計～完成まで：約90日

❶白いテントが目印。アラベスク模様のタイルと天井のシャンデリアは、パリのパン屋の定番スタイルを取りいれたもの。

❷焼き菓子のコーナー。パティシエとしてパリの菓子店で働いた経験がラインナップに生かされている。

❸パリの蚤の市で買い集めた備品や雑貨、ポスターなどが店内を飾る。

❹近隣の顧客の食を担う店として、対面販売にこだわっている。

❺工房ではオーナーを含めた２人体制。売り場からも工房の様子を垣間見ることができる。

お客さまの声

バゲットのサンドイッチ「ジャンボン・フロマージュ」(500円) の大ファンです。ハムとチーズがマッチして、最高の旨味を引き出しています。バゲットを1/2本使っているので、とても食べごたえがあります。このサンドイッチにカフェオレがあれば、パリの朝食そのものですよ。

対話を大切にしながら日本の食卓にぴったりのパンを提案

OPEN 2016.7

ブーランジュリー コメット

扉を開けると、まるでおしゃれな雑貨屋のような内装にディスプレイされたパンが目を引く。

ＰＯＳレジに日々の販売個数をインプットし、取り置き分も含め、翌日の販売数の予想を立てて、売れ残りを防ぐ。

くわしくは P.037 で

気がついたら週に1、2回、「コメット」のパンがお客さまの食卓に並ぶ。そんな存在になれるよう地域に密着したいです！

開業資金	2300万円
・自己資金	1100万円
（1200万円は借入れ）	
〈内訳〉	
・物件取得費	360万円
・内外装工事費	900万円
・設備機器費	900万円
・運転資金	140万円

Boulangerie comète《ブーランジュリー コメット》

住所▶東京都港区三田1-6-6
TEL ▶03-6435-1534
営業時間▶10:00～19:00
定休日▶日曜・月曜
交通▶東京メトロ南北線麻布十番駅から徒歩５分、都営大江戸線赤羽橋駅から徒歩４分

（右上）平置きの商品は定番、季節ごとのパンを合わせて毎日25種類ほど焼き上げる。（左上）高層ビルが多い通り沿い、ひと際目立つ鮮やかな外観。（左下）掃除が行き届いて、驚くほど美しい厨房。

自分のセンスを磨くことも大事。美術館に出かけるなど自分の経験値を上げることも必要ではないでしょうか。

国内外の勤務先でお店づくりに必要なことを学ぶ

爽やかなブルーが基調の内外装が目を引く「ブーランジュリー コメット」。お店に入ると、毎日25種類ほどが並ぶというカウンターにはハード系や食事パン、ヴィエノワズリー、サンドイッチなど、色とりどりのパンが並ぶ。

カウンター背面の棚の高い位置には、看板商品で米糠を配合した「コメット」（カンパーニュ）がディスプレイされている。

売り場に立つのは、店主・小林健二さんの奥様・さやかさんと販売スタッフ。厨房では小林さんが、2階では製造スタッフもパンづくりに精を出している。

パンに限らず食べ物を扱うお店に清潔感は欠かせないが、若いお店だということを割り引いても厨房がピカピカに輝いている。

それも小林さんが国内外の修業先で多くのことを学んだ結果だろう。

「パン屋で働くなら、はじめから自分はいずれ開業したいと口に出した方がいい。普通のアルバイトと開業をめざす意志のある人では、仕事の

開業ストーリー

2007
大学卒業後、フランスへ語学留学。パン学校でパンづくりを学ぶ

2008
パリの「デュ・パン・エ・デジデ」で働きながら、開業への意志をかためる

2015
フランスから帰国。ローストチキン屋でアルバイトをしながら物件探し開始

2016.4
物件決定。内外装工事やテストベーキングなど開業に向けて準備

2016.7
「コメット」をオープン

2017.6
１周年祭開催。記念のエコバッグ配布、販売も開始

教え方が違ってくるからです。自分が雇う立場になってもそうします」

その言葉どおり、2007年にフランスに渡り、5年間働いたパリの有名店「デュ・パン・エ・デジデ」ではレシピは門外不出などという制約はなく、逆に「お前の店でもこのパンをつくれよ」と送り出してくれたとのこと。

また日本では小麦粉に詳しい「ラ・テール」のシェフから知識を教わることができたそうだ。

そのほかにも物件の見方や大家さんとの交渉など、開業前にアルバイトをしていたお店でのアドバイスが役立ったという。

本気で開業を考えるなら パン以外でも自分を磨く

物件探しは約1年間を費やした。群馬県出身で東京には土地勘がなかったこともあり、人気の街のパン屋などを参考に、当初は西荻窪や石神井にターゲットを絞った。

とにかく自分の足で見つけようと、

毎朝手づくり！ BREAD MENU

目を引くヴィエノワズリー 真骨頂は食事系のハードパン

メイン商品の「コメット」（1/2個520円、1/4個260円）は、日本人の口に合うように米糠を配合したというカンパーニュ。1/2、1/4カットに対応し、1日8～10個を売る。また1日に2～3個、青山のフレンチレストラン「Abysse（アビス）」に提供している。

「土曜限定！バゲットサンド」（580円）。商品は北海道産の小麦粉を使用するが、バゲットのみフランス産のものを使っている。

天気や曜日ごとに販売個数のデータを残しておき、取り置き分も含め、販売数の予想を立て、売れ残りを防いでいます。

奥様と2人で歩き回る毎日だったという。理想の物件になかなか巡り会えず焦りはじめたころ、この物件と出会ったのだ。

しかし多数の応募者があった。そのなかから自分たちが選ばれた理由の一つは、大家さん宛の手紙だと小林さんはいう。

「自分たちがここで何をやりたいのか、手書きの手紙を直接大家さんに送ったんです。ほかの応募者より少しでも熱い気持ちが伝わるように」

ところが、以前はうどん屋だったのでカウンターなどがあり、スケルトン状態ではなかったので撤去費用などもかさみ、内外装工事費として900万円ほどかかってしまったそうだ。

また、パンづくりの修業や食べ歩きばかりではなく、自分のセンスを磨くことも重要だと考える。

「トング一つとっても、さまざまな種類があって、どれをチョイスするのかも自分のセンス。たとえば、休

（上2点）ふんだんに乗せるフルーツや野菜は素材の良さを大切に。陳列の器にもこだわりを持っている。（右下）「シナモンロール」（200円）は2番生地の商品だが、今まで食べたシナモンロールのなかで一番美味しいといってくれるお客さまも。（左下）人気商品「エスカルゴ」（330円）は定番のピスタチオと季節の商品の2種類。SNS向けに見栄えがする商品にも力を入れ、「ほかのパンも食べてみたい！」と思わせて、リピーター獲得につなげる。

売り場が狭いぶん、カウンター背面に棚を設けて商品をディスプレイするなどの工夫をしている。

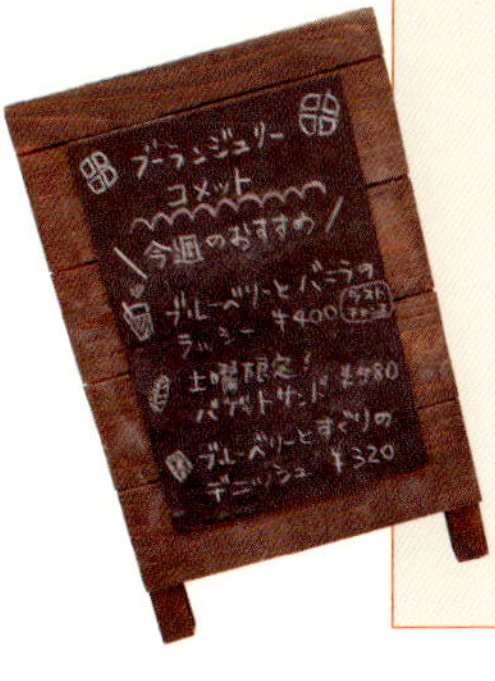

（右上）対面販売にしたことでお客さまとの距離も縮まり、地元に密着したお店になりつつある。（左上）会話以外の接客時間短縮のため、POSレジを採用。（右下）ギフト用にパンを買うお客さま用に、紙袋や箱も用意。（左下）イートインスペースがないのでテイクアウト用のドリンクを販売。パンは手を汚さず食べられるようなラッピングも工夫。天気のよい日は、近くの公園で頬張るお客さまもいるとか。

日には美術館に出かけるなど、自分の経験値を上げることも必要ではないでしょうか」

スピードを求められる時代に あえて対面販売を選択

お店の周囲は高層マンションやオフィスが立ち並び、客層は近所の主婦層やサラリーマン、OLが大半を占める。1周年を迎えて、常連客も増えてきた。

仲間が大勢集まって食べるからか大量買いしたり、週末に別荘で食べるため土曜日にまとめ買いに来るお客さまもいるため、前日までに注文すれば取り置きも可能。仕事帰りに寄れるよう営業時間は19時までと長めにした。

販売方法を対面式にしたのは、食事に合わせるハード系のパンをメインにしているからだ。

「説明が必要だと思ったんです。どんなワインや料理に合うかとか。お客さまとの会話を大切にして、コメットに寄ったら気分が明るくなる、そんなパン屋にしたくて。おかげさまでパンは買わなくても顔を出してくださるお客さまもできました」

また開業にあたっては、スマートフォンやタブレットがあれば無料で活用できるPOSレジアプリを導入した。レジ機能に加え、商品管理・売上管理などができるほか、クレジット決済も可能という小売店、飲食店向けの役立ちツールだ。

「コメット」では天気や曜日ごとに販売個数のデータを残しておき、取り置き分も含め、販売数の予想を立てて、売れ残りを防いでいる。

なお、当初は2階をイートインスペースにしようと考えていたが、階段が急こう配でもあり断念。

その代わりに、テイクアウト用のドリンクを販売している。パンは手を汚さず食べられるようなラッピングも工夫する。天気のよい日は近くの公園で、飲み物片手にパンを頬張るお客さまの姿も見られるそうだ。

低いカウンターを挟んだ対面式で
コミュニケーションを大切にした店づくり

PLAN DATA

広さ：１階8.5坪、２階8.5坪
設計〜完成まで：約90日

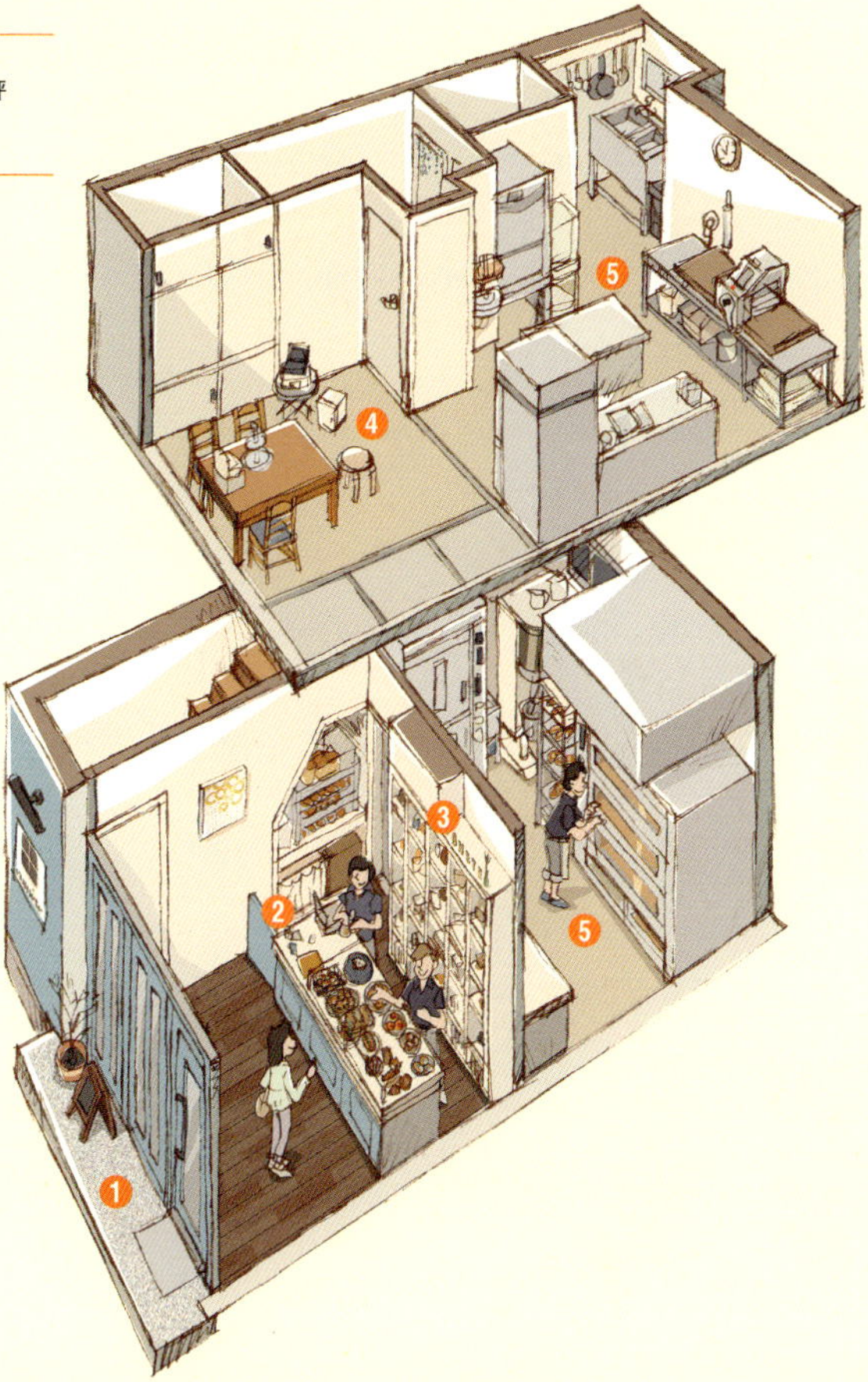

❶パン屋だとわかりづらいという声に応え、営業中は店頭に看板を出すことに。おすすめのパンや休業日なども案内。

❷対面販売で手間がかかるぶんを、ＰＯＳレジの導入により効率化を図っている。

❸背面の棚にも商品のパンを陳列。スタッフで隠れないよう高い位置に配置し、下部からはお客さまから厨房が見える。

❹事務スペース。コーヒーを出せるイートインスペースにと思ったが、階段が急なので断念。

❺厨房スペースは１階と２階に設けている。

お客さまの声

店員さんは明るく親切だし、ディスプレイなどのセンスもいいわね。タルティーヌやフォカッチャのサンドイッチを楽しみにしています。うちの子（幼稚園児）の体の半分はコメットのパンでできています。それぐらい、大好きなんですよ！

美味しいパンでささやかな幸せを！夫婦の夢をカタチにしたお店

OPEN 2015.7

ブーランジュリー オンニ

内外装は古材を生かした店舗デザインを得意とする会社に依頼した。古民家から出た資材を再利用した太い梁が目立つ。

無垢材を使ったカウンターに、さまざまなパンが並ぶ。毎日70〜80種類を焼いているので、いつも新しい発見がある。

くわしくはP.043で

パンが美味しいのは当たり前。それにプラスして、お店に来たときの気持ちよさが大事だと思っています。

開業資金　2100万円

・自己資金　600万円
（1500万円は借入れ）

〈内訳〉

・物件取得費　100万円
・内外装工事費　1000万円
・設備機器・什器　500万円
・仕入れ・運転資金　500万円

boulangerie onni《ブーランジェリー オンニ》

住所▶神奈川県横浜市港南区上大岡西3-10-1
TEL▶045-367-8501
営業時間▶8:00〜18:00
定休日▶日曜・月曜
交通▶京浜急行本線上大岡駅から徒歩10分

(右上) 厨房機器はかつて働いたお店が閉店する際に譲り受けた。元の職場との良い関係を続けてこられたのは、オーナー夫妻の人柄あってこそ。機材費を安く抑えられたぶん、内外装にお金をかけることができた。(左上) 一見パン屋のように思えない外観。(下) パン以外にも、焼き菓子やジャム、グラノーラも販売。

目当てのパンがないと、お客さまはすごくがっかりされる。ご希望のパンがきちんとあるお店にしたいですね。

「いいね」と思ったお店の写真や記事をスクラップ

ウッドテラスにブドウの蔦のからまる白壁、すりガラスのはめ込まれた木製のアンティークドア。横浜・京浜急行本線上大岡駅から徒歩10分ほどの場所にある「ブーランジェリー オンニ」は、おしゃれな一軒家のような佇まいのお店だ。

一見パン屋には見えないが、その重い扉を押しあけると、焼き立てのパンの香ばしい香りとともに、無垢のカウンターにズラリと並んだパンが目に飛び込む。「いらっしゃいませ」という明るい声とともに、一気にパンの世界に引き込まれる。

2015年7月にオープン。店主・近賀健太郎さんと奥様の希さんが、長年思い描いてきた夢を、そのまま具現化したお店だ。

今から約10年前、修業先のパン屋でともに働く仲間として出会い、そして結婚した2人。いつか自分たちのお店を持ちたいと、「いいね」と思ったショップの写真や記事をスクラップしていた。

ブドウの蔦の絡まる壁に小さな窓、アンティークドアというオンニの外

開業ストーリー

2007
東京・杉並区阿佐ヶ谷の「グッドモーニング」(現在は閉店) で働く。そこで希さんと出会い結婚

2011
横浜市戸塚区の「ぷちらぱん」で働く。希さんは子育てをしながらお店のイメージを膨らませる。このころには現在の店舗外観とほぼ同じデッサンを描いていた

2014
千葉県松戸市の「Zopf (ツオップ)」で働く

2015.5
Zopf を退職

2015.7
「ブーランジェリー オンニ」をオープン

毎朝
手づくり！
BREAD
MENU

きちんとした価格設定と値段に見合った質とボリューム

（右上）繊細な食感と芳醇な香りが自慢の「クロワッサン」（237円）。（左上）地元・鎌倉野菜をぎっしりのせ、ゲランドの塩のみで味付けした「鎌倉野菜のフォカッチャ」（247円）。（右下）「シナモンロール」（237円）。黒糖とシナモン、バターの上澄みだけでつくったシナモンシュガーを巻いたパンに、クリームチーズとバタークリームをのせた、上品な味。（左下）マンダリンオレンジとマカダミアナッツのカンパーニュ（302円）。

きちんとした値段を取らないと、使いたい原料も使えなくなる。そのぶん値段に見合った質とボリュームは求められるので、プレッシャーはかかります。

観は、ずっと以前から、希さんがイメージを膨らませてきた夢のお店の外観そのままなのだという。

内外装は、古材を利用した店舗デザインを多く手掛けている、長野の設計施工会社に頼んだ。

太い梁が頭上の空間を貫き、お店のアクセントとなっている。この物件との運命的な出会いもあり、窓の大きさから、カウンターの様子、イートインスペースなど、すべて思い通りになったという。

お客さまの気持ちに寄り添いたいと積極的に声掛けをする

健太郎さんは、千葉・松戸の有名店「Zopf（ツオップ）」など3店で働き、パンづくりの腕を磨いた。

いろいろな種類のパンに触れてきた経験を生かし、毎日70～80種類ものパンを焼いている。

カンパーニュ、バゲットなど食事系のパン、あんパンやクリームパン、カレーパンなどの定番、フォカッチャなど焼き込み調理パン、ビールやワインのおつまみにもなるハード系のパンなどの品揃えは、「小さな子どもからお年寄りまで、幅広い年代の人にお気に入りのパンを見つけてほしい」という思いから。

ミニサイズのあんパンは箱詰めにもでき、町内会の会合への手土産や茶菓子にも最適で1日100個は売れるそうだ。

販売方法は、たくさんのパンのなかから選ぶ楽しさを感じられるよう、セルフ式を基本に、対面でも対応している。

「美味しいパンにプラスして、お店に来たときの気持ちよさも大切にしたい」と、お客さまとのコミュニケーションを重視する。

「ベビーカーが入ってきたらドアを開けて差し上げたり、迷われているお客さまには何かお探しですか？と声をかけたり。なるべく話をして何を求めているか、それを感じとることを心がけています」

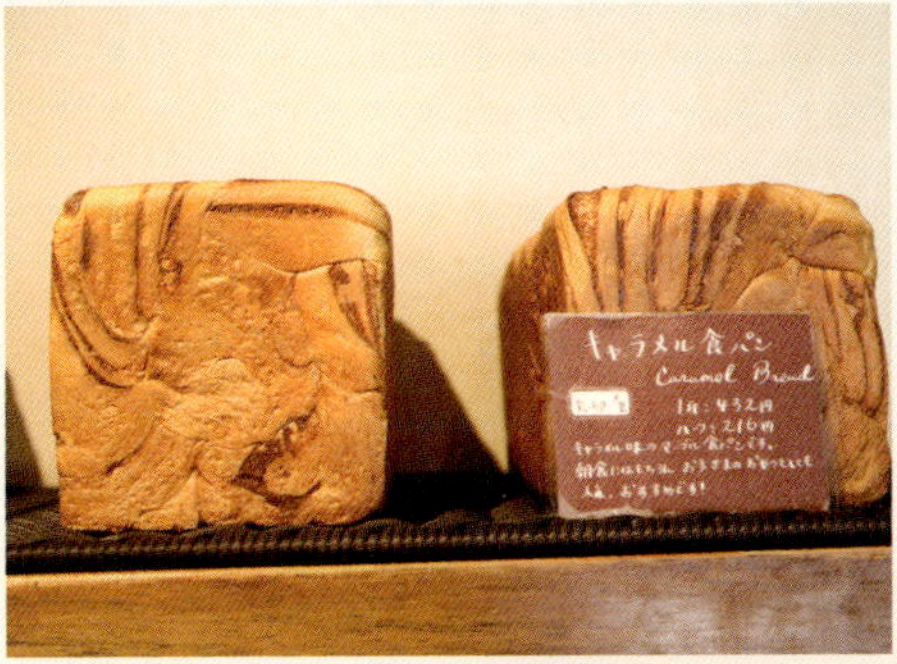

「キャラメル食パン」（1斤432円、ハーフ216円）。キャラメル味のマーブル食パン。トーストするとキャラメルの香ばしく甘い香りが広がる。

フルーツのブリオッシュは大人気のスイーツ。手前の「ブリオッシュ・オランジェ」（259円）は、オレンジの輪切りの下に甘夏みかんとカスタードクリームがたっぷり。

「カレーパン」（216円）は揚げ立てを食べてほしいから4、5個ずつ、1日に何度も上げる。「お子さまカレーパン」（108円）も用意。

（右上）元サッカー選手の健太郎さん。店内でキビキビと動き、お客さまへの目配り気配りが行き届いているのは運動神経の良さゆえか。（左上）鎌倉野菜をはじめ、地元の食材は積極的に取り入れている。（左下）「メープルとりんごのグラノーラ」（345円）。お店の定休日に、健太郎さんが厨房で手づくりしている。ドライフルーツがゴロゴロ入って、ほのかな甘みを楽しめる。鎌倉にある食のセレクトショップでも扱っている。

今後はスタッフを増やして いずれは年中無休のお店に

オープンから2年。その間、一番大変だったのは、開店時の慌ただしさと夏場の売上げの落ち込みだったという。開店の直前、新しいお店にパンの香りを沁み込ませておきたいという思いもあり、厨房機器の設置がすむと、施工途中でもテストベイクをはじめた。

約10日間、実際のオペレーションを想定しつつテストベイクを重ねたが、それでもオープン後しばらくは不眠状態が続いた。しかし、それもオープン時のテンションでなんとか乗り切ったという。

近賀さんも、暑い時期はパンが売れにくいのは知ってはいたが、実際に経営者となってみると、その厳しさは想像以上だった。

「落ち込みが激しくても、人件費を大きく削るわけにはいかない。また材料費も落とすわけにいかない。パンをつくらないわけにもいかない。夏場の資金繰りは毎年頭が痛いですね」

宣伝には手軽に更新できるフェイスブックなどSNSを活用。開店前から「何の店ができるの？」と聞かれることが多かったので、施工現場に「パン屋ができます。フェイスブックで公開中」と看板を出し、お店が出来上がる過程をアップした。

今もフェイスブックで新商品の告知をすると、それを目当てにしての来店客もある。告知によって反応をじかに感じることが多く、今後もSNSは積極的に活用していく考えだ。

現在スタッフは近賀さん夫妻と社員の職人1人、接客担当のパート7人を合わせて10人体制だ。定休日は日曜・月曜の週休2日制だが、いずれは年中無休にしたいと考えている。

「毎日いただくパンを、毎日買えるお店にしたいから年中無休が理想。それでいてスタッフもきちんと休めるよう、これから人を増やして体制を強化していきたいですね」

要所に木を使うことで落ち着いた雰囲気に

PLAN DATA

広さ：14.6坪
席数：イーイン6席（店外含む）
設計～完成まで：施工会社を最初に訪ねてから4カ月。施工期間は約30日

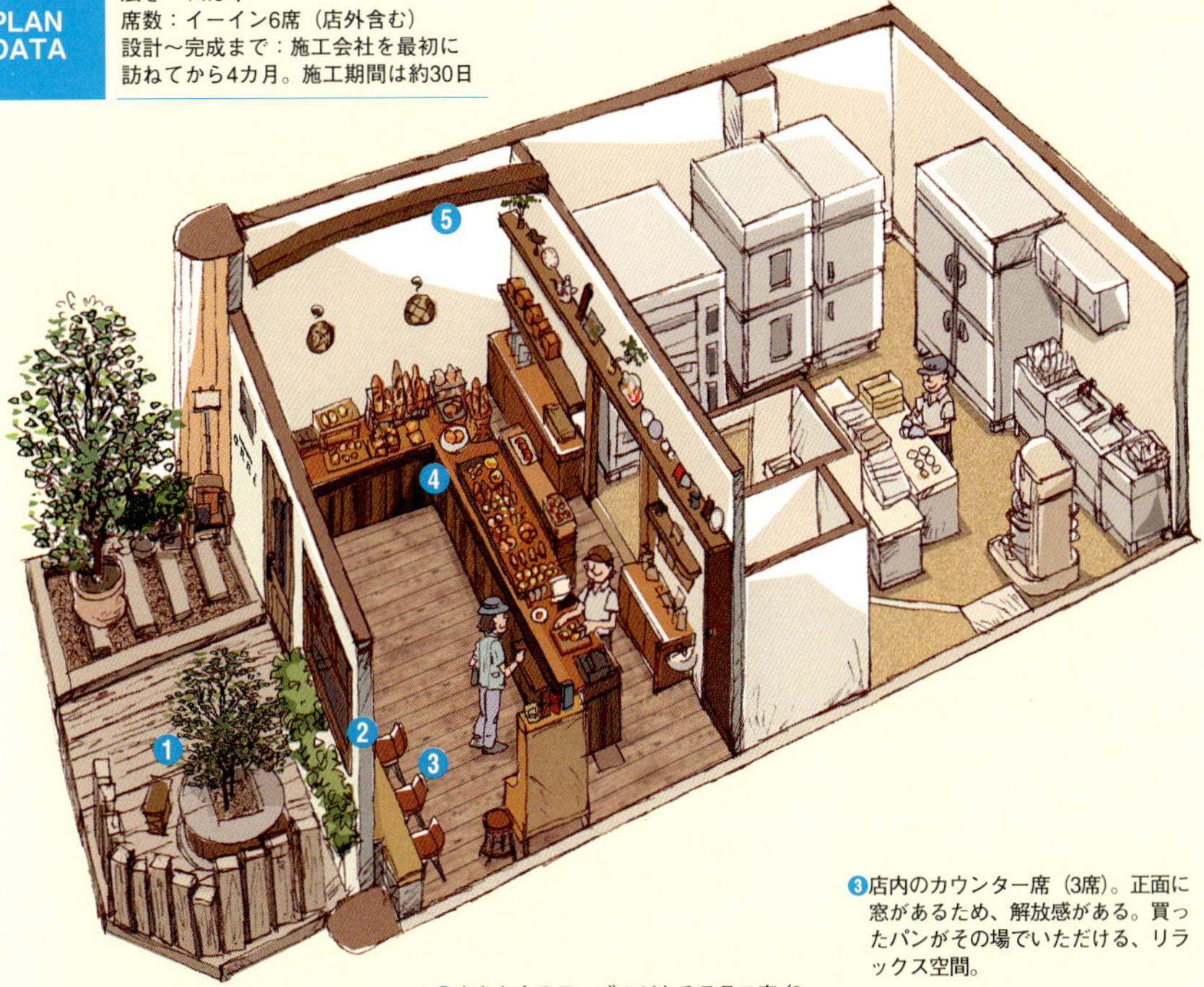

❶大きな木のテーブルがあるテラス席（3席）も人気。犬をつないでおけるフックと、犬用の水入れが置いてあるので、犬の散歩の途中にパンを買いに来る人も。

❷アンティークの扉にブドウの蔦の絡まる窓。一軒家のような佇まい。

❸店内のカウンター席（3席）。正面に窓があるため、解放感がある。買ったパンがその場でいただける、リラックス空間。

❹どっしりとした木のカウンターに、多種多様なパンが並ぶ。販売方式はセルフでも対面でも、どちらでも対応。

❺要所に使われた木が、お店の雰囲気にリラックス感を出している。

お客さまの声

買ったパンのなかから一つだけ、店内のカウンターでいただくのをいつも楽しみにしています！　スイーツのようなパンから、焼き込んだ調理パンまで、その日いただくパンを選ぶのが楽しみです！

イートインはおもてなしの空間。ディスプレイや花にも気を配りたい

店内のカウンター席。大きな窓の上に小さな窓が3つ並ぶデザインは、希さんが開業前から描いていたイメージを実現した。

木陰が気持ちいい店外のテラス席。白い壁にはブドウの蔦が絡まっていてブドウの実もなる。「いつかこのブドウで酵母を起こしてみたいですね」

ココがいいね！

- フルーツやクリームがたっぷりのパンなど持ち帰りにくいパンは、その場で食べていただける
- 飲み物のほかドーナツにアイスクリームを添えたメニューなども提供
- イートインで使った食器など、テーブルウェアも店内で販売している

ここにいるだけで気持ちいい！そう感じていただけるスペースに

イートインは店内に3席、外のテラスに3席。散歩や買い物の途中、保育園の送り迎えの帰りなどに、ここでパンをいただくのを楽しみにしているお客さまが多いという。

小さな子どもを連れたご夫婦が、ちょっと休んでいこうかと、窓辺のカウンターでパンと飲み物をいただく——そんな風景も似合う。

店内のカウンター席の正面は大きな窓になっている。ブドウの蔦で縁どられた窓が、まるで額縁のように街の風景を切り取っている。

周囲には、花瓶の花や書棚、飾り棚が配置されていて、心地よく過ごせる空間を演出している。

天気がよく過ごしやすい日は、外のテラス席が人気。木のテーブルの中心から伸びる木や草花もよく手入れされている。犬のリードをつなぐフックと、犬用の水飲み皿もあるので、犬を連れてきても利用できる。

美味しいパンとともに、気持ちのいい時間を楽しんでいただける空間にしたいですね。

カウンター席の横の本棚にはパンの本や写真集が。パンと飲み物を楽しみながら本を読む人も。

こちらの版画は可愛らしくも静謐な雰囲気が一目で好きになり、お店に飾っている。

早朝のイートインで フェイスブックを更新

「オンニ」ではお店のフェイスブックにも力を入れていて、ほぼ毎日更新している。新商品の情報などをアップすると、それを目当てに来店するお客さまもいて、効果を実感している。早朝の仕込みの合間に、店内のカウンター席でフェイスブックに投稿することも。

窓から見える植栽やカウンター横の小物類など、このお店の世界観を表すイートイン席は、近賀さん夫妻にとってもリラックスできる場所となっている。

季節によって変わるカウンターからの眺めもフェイスブックにアップしている（写真はお店のFBページより）。

店内の花や植物は、希さんが生けたもの。お店に飾るお花を選ぶのは、楽しみの一つ。

「一見パンと関係のないディスプレイや花も、そこにいるだけで気持ちがよくなる、自分が大事にされていると感じていただくための、とても大事な要素です」

近賀さん夫妻はそう考え、お客さまの居心地にも気を配っている。

イートインで使う食器は、鹿児島在住の作家の作品で、店内で購入することもできる。きれいにラッピングしてもらえるので、贈り物にも最適だ。

パンを通じて人と人が出会い、ものづくりを楽しめる居場所に

OPEN 2016.8

ツナグベイク

古い民家の建具などを再利用した間仕切りの奥が厨房。接客はスタッフに任せ、店主の藤本さんは売り場に姿を見せずにパンづくりに勤しんでいる。

パンとともに目に入るのが、花や植物、さまざまな古道具の数々。雰囲気のあるパンの陳列テーブルとともにお店の雰囲気をつくっている。

くわしくは P.051 で

居心地のよい我が家のような空間で毎日食べられるパンを提供したいと思っています。

開業資金	800万円
・自己資金	500万円
・借入金	300万円
〈内訳〉	
・内外装工事費	400万円
・設備機器費	300万円
・開店資金	100万円

ツナグベイク
住所▶神奈川県横浜市都筑区すみれが丘20-6
TEL ▶045-594-6382
営業時間▶9：00～18：00
定休日▶日曜・月曜・火曜
交通▶東急田園都市線鷺沼駅からバスで11分、バス停から徒歩1分。横浜市営地下鉄グリーンライン北山田駅から徒歩20分

(右上) パンを並べる什器は修業時代からコツコツとイメージに合う古道具などを買い集めてきたもの。(左上) 午前と午後では店内に置いてあるパンの様相が一変するので、いつ来ても新しい種類の食べたことのないパンが並んでいると評判。価格は「毎日食べるパン」にふさわしく200～300円台が中心。(左下) 販売スタッフが営む、花と古道具の「urikke」の商品も買うことができる。

いつも新しいパンとの出会いがあるお店でありたいですね。季節感を大切に、旬の野菜や果物は味や色をどう生かすか考えています。

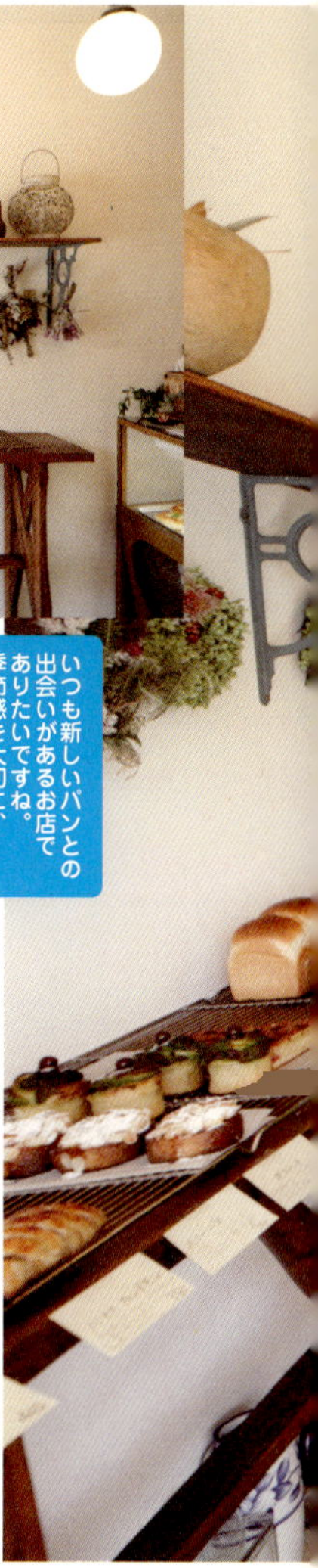

いつ来ても新しいパンが並び周りは花と古道具がいっぱい！

横浜市都筑区は港北ニュータウンで知られる一大居住エリア。大規模マンションや戸建て住宅が点在、広い道路網が整備されている。

通勤の便としては、東急田園都市線や市営地下鉄グリーンラインとバスで連絡できるので、都内からの転居者も多いらしい。そんな住宅地の一角に「ツナグベイク」はある。

店頭には常時10種類以上のパンや焼き菓子が並ぶが、1日に販売するパンは35～45種類。陳列すると次々に売れていき、棚に空間が目立つようになるころには次のパンが焼き上がり、新たに並べられていく。

おもな生地の種類は、食パン、ブリオッシュ、フォカッチャ、バゲット、カンパーニュの5種類。これらの生地をベースに、季節によって、または日によってさまざまなパンがつくられる。

パンを並べるテーブルなどの什器は、店主の藤本由香利さんが修業時代からコツコツとイメージに合うものを買い集めたのだとか。

そして、パンを取り囲むように、

開業ストーリー

2010
建築関係の会社を退職し、ベーカリーに勤務。以降、2つのお店で5年間修業

2015.10
「TSUNAGU」を立ち上げ、イベントなどでパンや焼き菓子の販売をはじめる

2016.5
パンづくりのレシピ集『雑穀でかんたん！毎日のパンとお菓子』を光文社から出版（共著）。店舗物件を契約

2016.8
「ツナグベイク」をオープン

毎朝
手づくり！
BREAD
MENU

どんなパンになるかは その日になってみないとわからない

（上）食パンは２種（角食・山型各310円）。パンの焼き上がり時間は厳密に決めてはいないが、食パンは11時半ぐらいが焼き上がりの目安になっている。（中央）卵やバター、牛乳、砂糖などを使い、おもにパイ生地でつくったヴィエノワズリーも充実。（下）おつまみ系の定番「ベーコンエピ」（270円）、「デジョネーズ」（290円）。

リースや多肉植物、古時計、器などが溢れんばかり。これらは販売スタッフが営む花と古道具のお店「urikke」（ウリッケ）の商品だ。

特別な日のためではなく 毎日食べるパンをつくりたい

仕込みなどを手伝ってくれるスタッフ2人に接客を任せ、藤本さんは厨房で黙々とパンづくりに励む。

「もともとパン屋をやりたいわけじゃなかったんです。まずは我が家のように、誰もが気軽に来られる空間をつくりたかった」という。

建築設計事務所で働いていた経歴を持ち、ものづくりを得意とする人ならではの言葉だろう。空間のコンセプトが決まると、次はお客さまに何を提供するかが問題になる。

「昔からパンやお菓子、料理をつくるのが好き。自分で食べるのも好きですが、人に食べてもらって喜んでもらえるのが嬉しかったので」

そこで選んだのがパンだった。

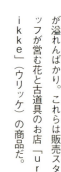

特別な日を演出するケーキとは違い、パンは毎日食べるもの。我が家のような空間には、パンこそがふさわしいと考えたのだ。

パンづくりはレーズンから起こした天然酵母を使い、フィリングも自ら厨房で仕込んでいる。

「メニューを考えるときには美味しい野菜を扱う八百屋さんから取り寄せたりして、旬を大切にしています」

地元客を大事にしつつも SNSで店頭商品を広く告知

お客さまは散歩途中の近所に住むご夫婦や、子ども連れの若い主婦、ジョギングがてらランチ用のパンを買いに立ち寄る年配の男性と、住宅地ならではの顔ぶれが中心だが、最近は遠方から車で来店するお客さまも増えてきているという。

「このパンは日持ち、どれぐらいするの？」「食パンのスライスお願いできるかしら？」「明日、手土産に焼き菓子を持っていきたいのだけれ

甘いパンから惣菜系のパンまで、バランスよく取り揃えているので、好みや気分で選ぶ楽しさがある。スコーンなどの焼き菓子は手土産にと買い求めるお客さまも多い。

パン生地は食パン、ブリオッシュ、フォカッチャ、バゲット、カンパーニュの5種類をベースに、フィリングなどで変化をつけています。

「オリーブオイルのブリオッシュ」（380円）は期間限定でつくったパンだがお客さまからの要望が多くほぼ定番化。もちろん具材に変化をつけるなど、つねにお客さまに新しいと感じてもらう工夫を忘れない。

（右上・右下）一見するとディスプレイのようだが、よく見ると値札が付いていて商品であることがわかる。（左上）建築業界で働いていたスキルを生かし、レイアウトは店主の藤本さん自ら図面を引いている。（左下）レジ横のショーケースには取り置きのパンが並ぶ。新商品をSNSにアップすると、取り置きであっという間に完売になることも。

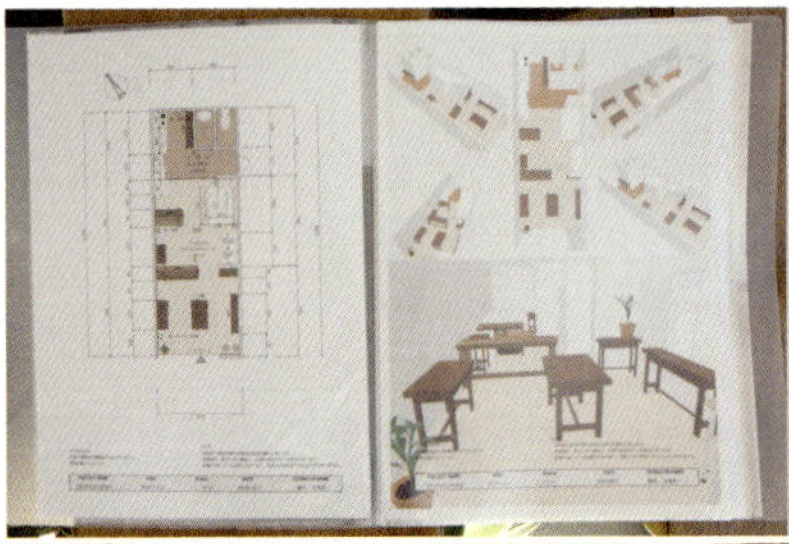

ど……」など、スタッフとの何気ない会話が交わされる。

そんな質問や相談の一つひとつに丁寧に答えるだけでなく、外出前に立ち寄ったお客さまの「帰りに寄るので取り置きお願いね」といったオーダーにも気軽に応じている。

顔見知りのお客さまに恵まれている一方で、通行人にフラッと入店してもらえるような環境にないのが住宅地にあるお店のデメリットだ。

また天然酵母を使っているため、焼き上がり時間が確定できないこともあり、SNSでリアルタイムに店頭商品のラインナップを伝えるようにしている。

とくに新商品はインスタグラムやフェイスブックに写真をアップすると、すぐに予約注文の電話がかかってくるという。

人と人、次へとつなぐ ものづくりをする居場所

ツナグベイクの店名は、「つなぐ」という言葉から、藤本さんがふと思い付いたものだとか。「人と人をつなぐ」「次へつなぐ」といった意味合いが込められている。

藤本さん自身、実際にゆっくりと人とつながりながら進んできた。

たとえば、オープン前に自作の焼き菓子を持参してイベント出店していたころ、依頼が舞い込んできた本の出版の話。そして、お店をはじめた現在も、イベント出店をするたびに、パンを通じていろいろな出会いがあり、味の感想が聞けるのが楽しみになっている。

ほかにもお店では、販売スタッフが講師となるリースづくりのワークショップを開くこともあり、さまざまな人がものづくりを楽しみ、出会う場にもなっている。

「ツナグベイク」は藤本さんにとって「我が家」のようなパン屋でありながら、その名のとおり、ものづくりする人のための居場所にもなっているようだ。

「我が家」のイメージを膨らませ
ホッとできる空間を演出

PLAN DATA

広さ：売り場4.5坪、厨房7坪
設計～完成まで：約90日

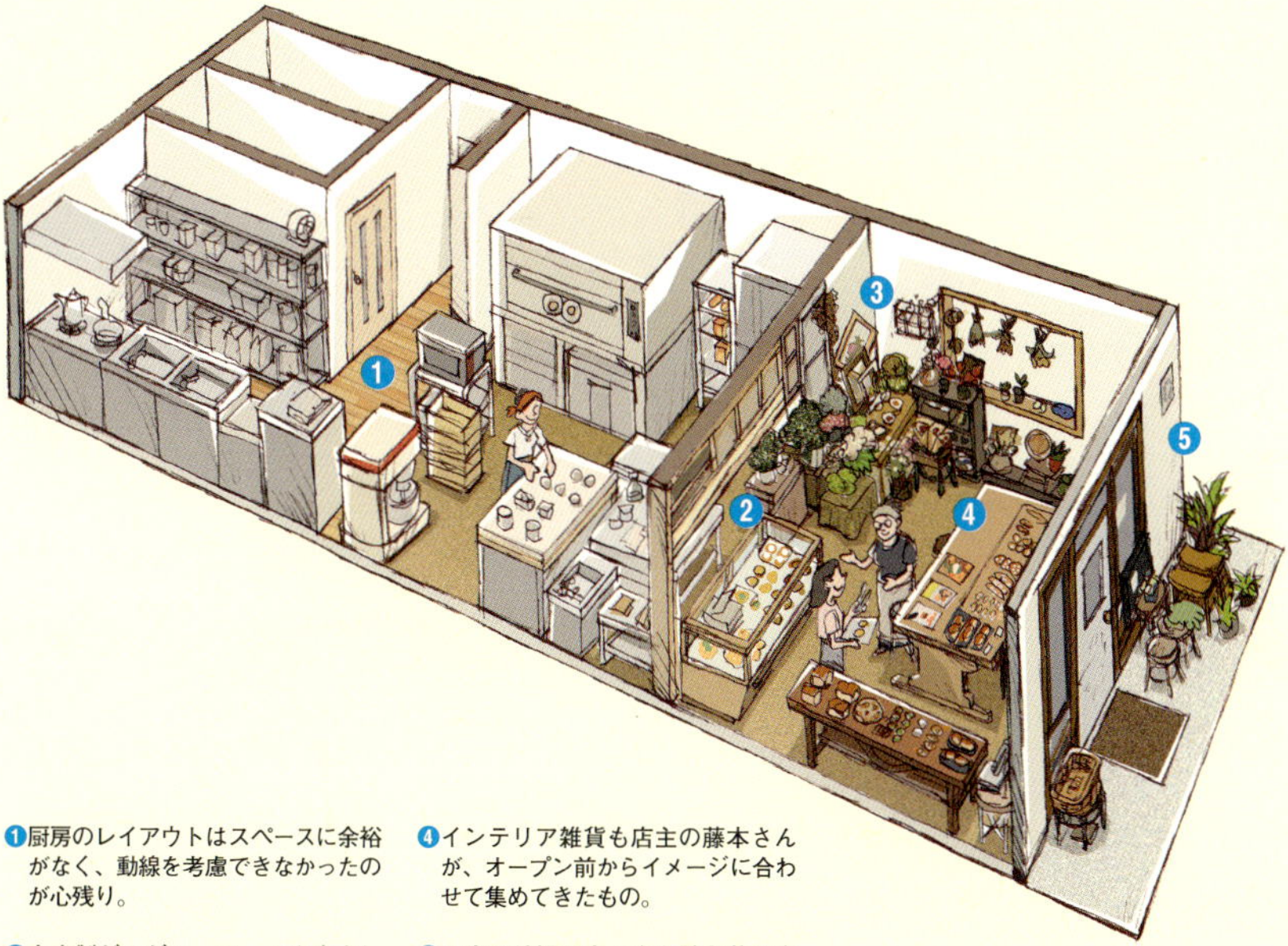

❶厨房のレイアウトはスペースに余裕がなく、動線を考慮できなかったのが心残り。

❷自家製ジンジャーエールや水出しアイスコーヒーなど、季節のドリンクも提供。

❸店頭や店内にある花や古道具類はスタッフのお店「ｕｒｉｋｋｅ」の商品。多肉植物やドライフラワーなども販売。

❹インテリア雑貨も店主の藤本さんが、オープン前からイメージに合わせて集めてきたもの。

❺お店の外観は真っ白な壁と薄い水色のドアが爽やかな印象。両側の大きなガラスから店内が見えて入りやすい。

■ 人気の看板商品

焼き立てのカンパーニュはもっちもち！　少し時間が経つと生地が落ち着くのか、食感の変化が楽しめますよ。写真は上から時計回りに、「山型食パン」（310円）、「オリーブオイルのブリオッシュ」（380円）、「夏のスコーン」（250円）、「シナモンロール」（260円）。

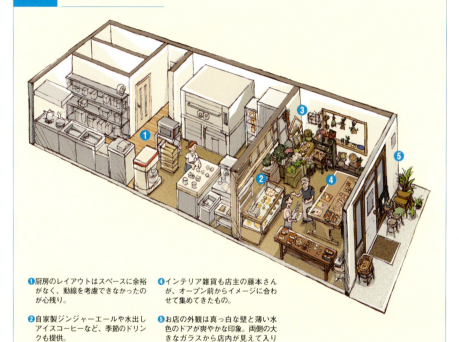

素直に美味しいと言われる、「毎日食べたいパン」でありたい

OPEN 2015.2

三好パン

大きめのカウンターに焼き上がったパンを並べてお客さまに注文を聞く、対面販売を採用。衛生面を配慮して、当初はなかったガラスケースを設置した。

店内の壁は、清潔感のある白色を基調に、随所に木を生かしてパン屋らしい温かみを感じさせる。照明計画もインテリアデザイナーの手によるものだ。

オープン前は、木のプレートにパンを何個か置いて売るくらいの静かなお店をイメージしていたんですが…。

くわしくは P.057 で

開業資金	2500万円
・自己資金	600万円
（父親からの借入れ1900万円）	
〈内訳〉	
・物件取得費	150万円
・設備費	750万円
・内外装費	1350万円
・什器備品費	250万円

三好パン

住所▶大阪府大阪市都島区善源寺町1-10-14
TEL ▶06-6926-2311
営業時間▶
月曜～金曜8：00～19：00
土曜・日曜・祝日8：00～18：00
定休日▶火曜・不定休
交通▶地下鉄谷町線都島駅から徒歩4分

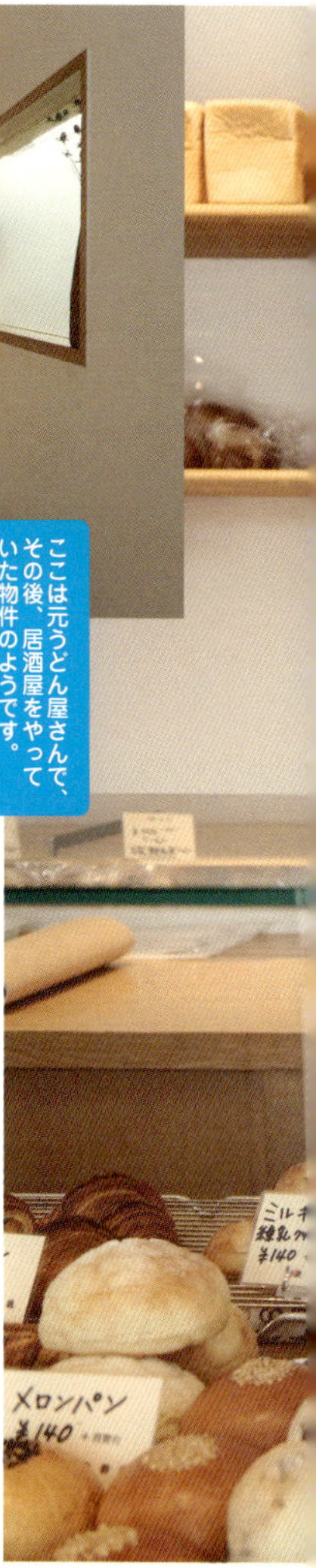

ここは元うどん屋さんで、その後、居酒屋をやっていた物件のようです。お店の上のほうを見ると、「お城」みたいですよ（笑）。

（右上）イートインスペースは天井を低くし、あえて窓は設けないことにより、適度なクローズ感を持たせている。（左上）離れて見ると、何の店なのか分かりにくいファサード。「三好パン」の看板も控えめなので、つい近寄って確かめたくなる効果も。（下）レジ背面には棚を設けて食パンをディスプレイ。

周辺住民や買い物客をはじめ オープン当初からの常連客も

大阪市営地下鉄谷町線の都島駅周辺は、都島区内でも交通の要衝となっており、少し歩けば中高層マンションが林立する住環境のよいエリアが広がっている。

「三好パン」は、そんなマンション群と向き合うように店を構える小さなお店だ。すぐ近くのスーパーでの買い物ついでに立ち寄る人や、オープン当初からの常連客もついている。

店内で目につくのが、壁に設えた棚にディスプレイされた5つのタイプの食パンだ。角食や山食、ハードタイプ、湯種食パン、天然酵母食パンはレーズン入りとプレーンがある。

そして、バゲットやクロワッサンをはじめ、カレーパン、あんパンなど、菓子パンも豊富に揃う。全60種類あるパンのほかにも、ラスクなどの焼き菓子は10種類以上ある。

「お店で大切にしたいのは、素直に美味しいと言われる、『毎日食べたいパン』をつくること。朝はやわらかめのパン、昼からはハード系のパンを多めに焼いています」と、店主の三好さとこさんはいう。

開業ストーリー

短大卒業後、建築系の専門学校に入学するも、パンづくりの面白さに目覚める

2004
大手パン製造チェーン店に契約社員として勤務

2007
「パン工房 青い麦」に入社。パンづくりを一から学ぶことに

2014
「青い麦」を退社し、先輩のパン屋、知人のパン屋の立ち上げなどを手伝ったのち、現在のパートナーと一緒に独立することを決意。物件探しを開始

2015.2
「三好パン」をオープン

毎朝
手づくり！
BREAD
MENU

力強いハード系から
自家製の惣菜パンまで

小麦粉を高温のお湯で捏ねる「湯種食パン」（560円／2斤）は、もっちり柔らかで、ほんのり甘いミルキーな味わい。左は「天然酵母食パン／プレーン」（300円）。

（左）「バゲット」（200円）。（右）「ブドウとクリームチーズ」（160円）。

パンの仕込みと焼成は三好さんが当たり、パートナーの女性スタッフがパンに挟むフィリングの調理や、季節に合わせて気まぐれでつくるサンドイッチを担当している。

学生時代にパンづくりに興味を抱き
約10年間の修業期間を経て独立

三好さんがパン屋をはじめるきっかけになったのは、インテリア関連の短大を卒業後、建築系の専門学校で学んでいたころのこと。

将来は大工や左官をめざしていたが、セメントを捏ねる作業と、パン生地を丸めたりする手仕事が似ていることに気づき、それまでより興味を持つようになったという。

そこで建築からパンの世界へと大きく方向転換し、大手パン製造チェーン店で3年勤めたのち、個人経営の有名パン屋に移り、パンづくりを一から学ぶこと約7年間。

さらに、師匠が神戸で新しく立ち上げるパン屋の手伝いや、先輩のお店の手伝いなどを経たのち独立を決意。それらのお店の商圏と被らないゾーンで物件を探したところ、見つけたのが現在の場所だった。

建築家にお店づくりを依頼するなら コンセプトを明確に伝えること

「お店づくりにあたっては、毎日食べたいパンをつくるというコンセプトを、はっきりと建築家に伝えました」

パンのつくり手の思いを実現した建築家によるお店づくりは、ぜひ参考にしたいところだ。

たとえば、元の間口は広いものの、あえて開口部を少なくすることにより、パンを買いに来る人の内部への期待感が高まるように工夫している。

そして、お客さまが店内に引き込まれると、大きなカウンターに焼き立てのパンが並び、ワクワク感を演出する。

売り場の脇にはその場で食べていくこともできるように、イートイン

(上)「クロワッサン」(160円)。(下) 湯種とドーナツ生地を使った「カレーパン」は米油でカラっと揚げている (200円)。

あんパン、黒豆パン、クリームパンなど、菓子パン系も充実している。

サンドイッチなど、気まぐれでフィリングを決める「作ってみたシリーズ」もぜひ試してほしいですね。

（上2点）入口にはドライフラワーのアレンジメント、イートインスペースには特注の真鍮製のライトや麦の穂のオブジェなど、さりげないこだわりも散りばめられている。（下）開口部を少なくしているとはいっても、店内は十分な明るさを確保している。

スペースを併設。飲み物を持ち込み可にしたのは、気軽に使ってもらえるようにとの配慮からだ。

　このように、お客さまに毎日来店してもらい、食べたくなるパンを提供するためには、お客さまを和ませる空間と、日常に溶け込むような雰囲気づくりが欠かせない。「三好パン」という親しみやすく古風な店名にしたのもその一つだろう。

「ボロボロの木造2階建ての改装工事中から、何ができるんだろうと、周辺の人たちの注目を浴びていました」

　その効果もあってか、オープンの宣伝はいっさいやっていないのに、当日は行列ができたほどだったとか。

　その後も好調な売れ行きは継続し、オープン前に予想していた売上げ以上の結果を残すことができたという。

お店をはじめるなら まず自己資金を貯めること

一般にパン屋のお店づくりは、希望に近い物件を見つけて、それに合わせて細部を詰めていくケースが多いものだ。大型の厨房機器を配置するためのスペースと動きやすい動線を同時に確保しなければいけないためだ。

　しかし「三好パン」のように、古い木造一戸建てをリノベーションするとなると、希望を叶えることができる反面、その費用はかさんでくる。

「これからパン屋をはじめる人にアドバイスするとしたら、まずお金を貯めることですね。とくに予定外の工事が必要になったりして予算オーバーになりがちです」

　その一例を挙げると、耐震性への配慮から梁を余分に通したり、下水道の配管をやり直すなど、天井や床を剥がさないと、どんな工事が必要になるか事前に判断できない面があったという。

　オープンをスムーズに迎えるためには、ゆとりある資金計画が、まず大事になるようだ。

古い木造2階建てをリノベーション
パンへの期待感を抱かせる工夫も

PLAN DATA

広さ：売り場３坪、厨房12坪
設計〜完成まで：約４カ月

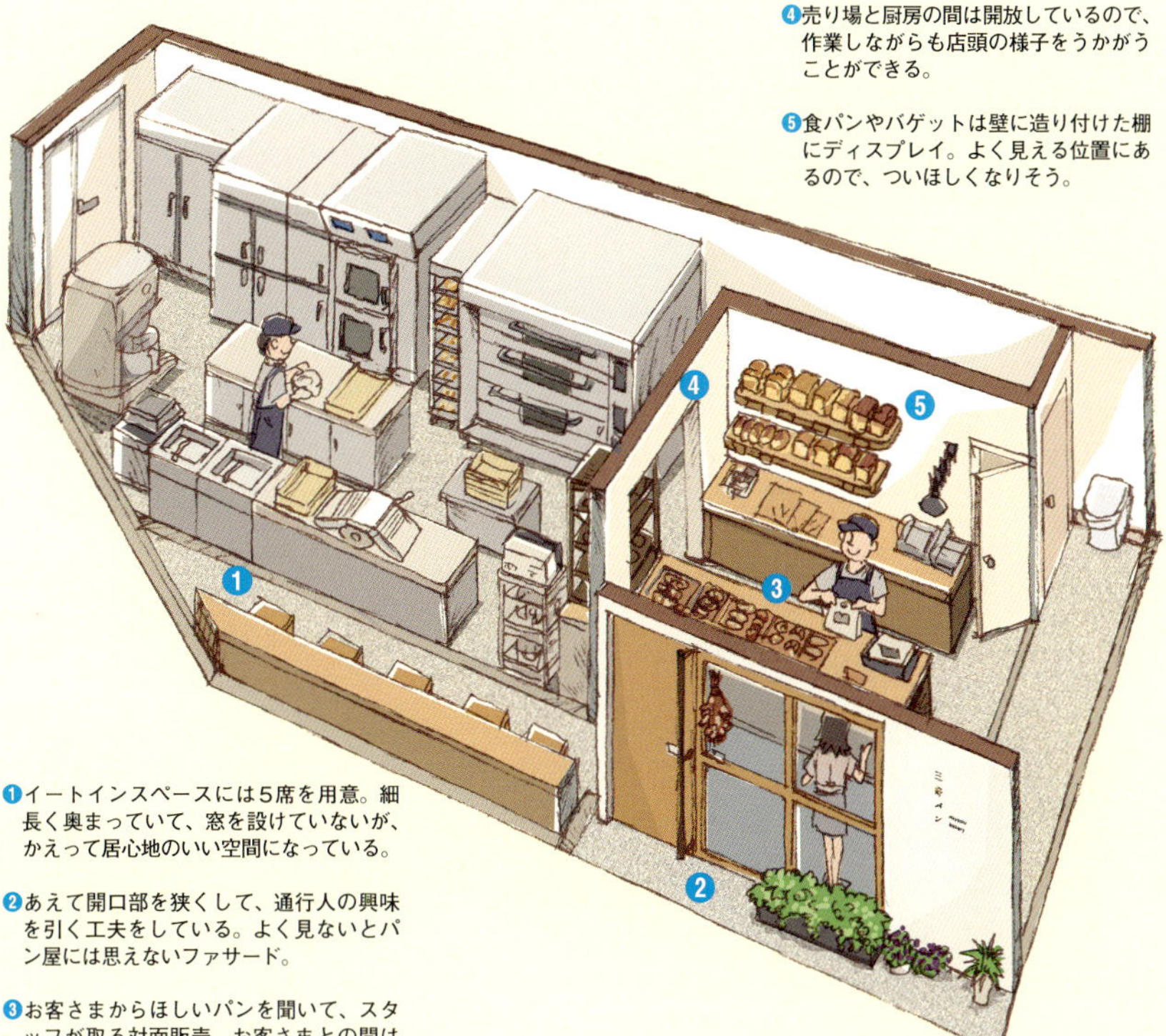

❹売り場と厨房の間は開放しているので、作業しながらも店頭の様子をうかがうことができる。

❺食パンやバゲットは壁に造り付けた棚にディスプレイ。よく見える位置にあるので、ついほしくなりそう。

❶イートインスペースには５席を用意。細長く奥まっていて、窓を設けていないが、かえって居心地のいい空間になっている。

❷あえて開口部を狭くして、通行人の興味を引く工夫をしている。よく見ないとパン屋には思えないファサード。

❸お客さまからほしいパンを聞いて、スタッフが取る対面販売。お客さまとの間はガラスで仕切って衛生面も配慮。

立地はこんなところ

お店の向かい側にマンションが何棟も立ち並んでいるが、昼間は店頭の通行人は少なめ。それでも、「三好パン」をめざして遠くからのお客さまが来ると、狭い売り場はすぐにいっぱいに。

カフェ使いもできるフランスパンに特化したお店

OPEN
2014.9

SONKA

イートインコーナーを設けたのは、村山さん自身が、近所の人々と交流しながら毎日を過ごしたい気持ちがあったことも大きい。

パンの機材はミキサーとオーブンのみ。一番こだわったのが200万円のオーブン。好みのフランスパンをつくるパン屋のオーブンと同じものを購入。

30代でパン職人になったからこそ、ほかのパンには目を向けずフランスパンに特化し、技術を磨いています。

くわしくは P.063 で

開業資金	800万円
・自己資金	500万円
（公庫から借入れ300万円）	
〈内訳〉	
・物件取得費	150万円
・内外装工事費	200万円
・設備機器費	250万円
・運転資金	50万円
・その他	150万円

SONKA《ソンカ》

住所▶東京都杉並区成田東2-33-9
TEL ▶03-5913-8551
営業時間▶10:00〜18:00（売り切れ次第終了。14:00〜15:00のどこかで30分の休憩あり）
定休日▶火曜・木曜・年末年始
交通▶ JR 中央線高円寺駅からバス7分、東京メトロ丸ノ内線新高円寺駅から徒歩15分

（右上）ピンクの壁は「フランスパン専門店として一点突破している以上、目立たないといけないと思い選びました」と村山さん。（左上）「今の僕の全てです」と添え書きされたプレーンなフランスパン（250円）は看板商品。外皮が濃い褐色で硬く、縦横無尽に気泡が走っているのが特徴。（下）イギリス製のスピーカーから店内にジャズが流れる。音楽を聴くのを楽しみに足を運ぶ人も多いという。

ずっと抱いていた自立心を パンづくりで実現しようと決意

ＪＲ中央線高円寺駅からバスで7分。東京メトロ丸ノ内線新高円寺駅から徒歩15分と、決して便利な立地ではない。五日市街道沿いに、ピンクの壁とフランスパンのオブジェが印象的な「ＳＯＮＫＡ」はある。

ベーカリーカフェを思わせる店内ではフランスパンを製造販売するほかに、サンドイッチと野菜スープ、コーヒーのセットも提供する。

店主の村山大輔さんは、10代のころから自立心が強かったというが、大学卒業後は、サラリーマンの道に進む。そして7年後、煮詰まった日常から離れようと、有給休暇を取ってフランスの田舎町に赴く。

「好きなことで商売をして、緩やかに暮らしている人々が多くいた。それを見て、自分も会社を辞めて事業を起こそうと決心しました」

村山さんには「自分で何かをつくり、そこが人の集う場になれば」という思いがあった。そこで脳裏に浮かんだのが、パンだった。

「通勤途中に、いつも買っていたパン屋がありました。人がいつも集う

開業ストーリー

〜2012
7年間務めた教育関連の会社を退社。パンの専門学校に通い、座学を受講する

2013〜2014
都内のパン屋に２年勤める。フランスパン製造の部署に配属。２年間ひたすらつくり続けた

2014.4
自宅に近い杉並区の駅から離れた立地を条件に、物件探しを開始

2014.9
「SONKA」をオープン

毎朝
手づくり！
BREAD
MENU

ビールやワインも用意して くつろぎの時間を過ごせる空間に

「ホットドッグ」（上・460円）と「とりレバーサンド」（下・土日限定・500円）。お好みのサンドイッチにスープとコーヒー類がつくランチセットは990円。

サンドイッチは注文を受けてからつくっている。「とりレバーサンド」のレバーは近所の焼き鳥屋から仕入れている。

場にするには、生活に根差したものをつくるべき。だとしたら、美味しいパンがいいのではと思いました」

まずは製パン理論を学ぼうと専門学校へ

当時32歳だった村山さんは、いきなりパン屋で修業するのではなく、「まずは座学で製パン理論を学ぼう」と、パンづくりの専門学校に入学。そこには、少しでも遅れを取り戻したいという強い気持ちがあった。

「パンづくりは直感に頼る部分も多いのですが、学校では温度と酵母の関係など、さまざまな理論を学びました。直感に頼り過ぎないパンづくりは、美味しさを追求するうえで重要だと思っています」

　その後、いつも買っていたパン屋で修業することに。そのお店では、パンごとにスタッフが割り当てられており、フランスパンを担当。

「フランスパンの原材料は、小麦粉、水、塩、酵母のみと、極限まで絞っているので、酵母と自分の1対1の戦いになる。その難しさに惹かれました」

修業先のフランスパンは、外皮が薄茶色で柔らかく、食べたときにふんわりするような伝統的なものだったが、村山さんは、勉強のために他店のパンをたくさん買い求めた。

そのうち知ったのが、外皮が濃褐色で硬く、切ると縦横無尽に気泡が走っているパンの存在。その味と食感に惹かれ、休憩時間などを使って、独学で研究を重ねる日々が続いた。

出店先は駅から遠い閑静な場所を探した

フランスパンの専門店は、日本にはほとんどない。それでも「修業先のフランスパンは売れている」事実を頼りに、美味しいパンなら需要はあるはずと村山さんは確信していた。

出店エリアは、自宅に近い杉並区で、駅から遠い閑静な場所を探した。

「お客さんにはイートインコーナー

あんフランス
¥160
チョコフランス
¥180
ぶどうフランス
1/3 ¥180
フランス食パン
¥450

(右上)「チョコフランス」(180円)。生地を薄く伸ばして成形し、その中にチョコを2枚詰めている。(右下)「フランス食パン」(450円)。一見、普通の食パンに見えるが、中身はフランスパンそのもののハードトースト。(左上)「あんフランス」(160円)。雑穀フランスパンの生地とあんこは相性がよいと感じ、商品化。あんこは生地が焼きあがってから詰めており、みずみずしい。(左下)「ぶどうフランス」(1本540円、1/3本180円)。生地が練りあがったあとに、ドライフルーツを1粒ずつ手で埋め込んでいる。そのため、粒が潰れず食感もいいのが特徴。

サンドイッチは飲み物と一緒に、店内でゆっくり召し上がってほしいですね。

シンプルな「ハムとチーズ」(540円)。

（右上）入口の上を飾る木彫りのフランスパン。（右下）壁のアレンジはアーティストに依頼したもの。（中央）近所の主婦客も多いため、キッズルームを用意。店内が子ども連れでにぎやかになることも多い。（左）トイレはおむつ交換ができるように広くしている。

で、ゆっくり時間をかけて食べてもらいたかった。それには、ゆったりとした環境のほうがいいと」

元はうどん屋だった居抜き物件を見つけ、内装はほぼそのまま利用。必要な設備は、すべてネットオークションで購入し、初期投資を抑えた。パンの機材も、ミキサーとオーブンのみだ。

「フランスパンに特化したことで、パンの機材はミニマムに抑えることができました」

ずっとやっていた音楽も パン屋の一部として

店内には、イギリス製スピーカーが置かれ、軽快なジャズが流れる。

そこには「パンが中心だけど、店の両輪として音楽を添えたい」という村山さんの思いがある。

「10代のころから音楽に没頭していました。音楽は自分の人生の半分をかけてやってきたことなので、その経験は絶対に武器になると思う。それを店に生かすことで、他店との差別化につながるかなと」

開業当初は、フランスパンとサンドイッチのみだったが、その後、チョコレートたっぷりの「チョコフランス」やあんこを挟んだ「あんフランス」など、バラエティに富んだものを提供しはじめた。

「お客さまの気持ちを考えると、近所にパン屋ができても、バゲット型のパンしかないと期待はずれかもと。自分のこだわりの生地を変えたりはしませんが、バリエーションは増やしています」

店内ではパンをテイクアウトするお客さまがいる一方で、カウンターで、飲み物だけでくつろいでいるお客さまの姿もある。

「『何の店かわからないね』といわれるのは最高の誉め言葉。音楽を絡めているのも、そのため。これからもフランスパンをつくり続けますが、お客さんには、いろんな使い方をしてもらえればと思っています」

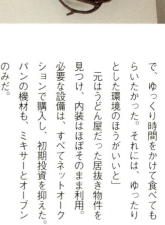

キッズルームのある のんびりくつろげるイートイン

PLAN DATA

広さ：売り場7.5坪、厨房7.5坪
席数：12席（キッズスペース含む）
設計〜完成まで：約30日

❶絵本にでも登場しそうな、顔のある木彫りのフランスパンが目印。

❷キッズルームには絵本やおもちゃを用意して、子ども連れに喜ばれている。出窓からの日差しもあって明るい雰囲気。

❸ゆとりを持って４脚の椅子を配置したカウンター。村山さん好みのCDジャケット、文庫本なども。

❹フランスパンに特化しているために、厨房機器も最小限に抑えることができた。

❺広くしたトイレ内には、おむつ交換台を設置。外壁と同じピンクに塗られている。

店主からひと言

「カフェとして利用してもらえるのも嬉しい。だから、あえてパン屋を連想する店名にはしたくなかったんです」と村山さん。「SONKA」という店名は、店主ご夫妻の名前を組み合わせたもの。店内には音楽、本と雑誌など、村山さん好みのものがいっぱいだ。

味わい深いパンと日用品を求める全国にファンを持つパン屋

OPEN 2009.9

わざわざ

お店の中央にどーんと鎮座するのが平田さん自ら設計した薪窯。5年間、故障なく働いてくれている。

後ろの棚にはカンパーニュと角食が塊のまま、手前のショーケース上段には焼き菓子が並べられている。

パンはできるだけ塊で販売しています。食べるときに切って、味の変化を楽しんでもらえれば。

くわしくはP.069で

開業資金	100万円
・自己資金	100万円
〈内訳〉	
・設備投資	50万円
・商品仕入れ費	50万円

パンと日用品の店 わざわざ

住所▶長野県東御市御牧原2887-1
TEL▶0268-67-3135
営業時間▶11:00〜16:00
定休日▶日曜〜水曜、長期休業あり
交通▶しなの鉄道田中駅、滋野駅から車で10分、佐久平ICから車で20分

（右上）車で来る人が多く、軽井沢から1時間のドライブがてら買いに来る人も。平日は地元のお客さまが多いが、休みの日は全国からパンを求めて買いに来る。（左上）カウンター側から見た薪窯。（下）オリジナルの「わざわざのリネン靴下」（1280円）。履き心地とフィット感にこだわり、地元のニットメーカーと共同で製造販売。倉庫に眠っていた残糸でつくった残糸ソックス（2足1000円）も人気。

忙しいながらも余裕がある状態で仕事をしています。販売数を増やすには無理をすることになり続きません。

毎日食べられる2つの定番パンが売り

見渡す限り畑と田んぼが広がる長野県御牧原の一角に、「パンと日用品の店 わざわざ」はある。

最寄り駅から車で10分。新幹線の停車駅であるJR佐久平駅からも車で20分以上はかかる。お客さまは何かのついでではなく、このお店に来ることが目的で足を運ぶ。店名の「わざわざ」は、そんなお客さまへの感謝の思いから名付けられた。

毎日焼くパンは、カンパーニュと角食の2種類のみ。

国産小麦と自家製天然酵母、塩と水だけでつくられたカンパーニュは、香ばしい皮ともっちりした食感でかむほどに小麦本来の香りと味わいが口の中に広がる。

角食はイーストの量を極限まで減らし、低温＋長時間発酵。使用する牛乳は朝、近所の牧場に取りに行っている。

シンプルだが、考えぬかれた定番のパン。オープン当初は30種類以上あったというパンの種類を2種類までに絞り込んだのには理由がある。「パンの種類を増やすと工程が増え

開業ストーリー

2009.2
独学でパンづくりを学ぶ。自宅の一角につくった厨房でパンを焼き、児童館などで移動販売をはじめる

2009.9
厨房の隣に販売スペースを設けて「わざわざ」を開店する

2011.6
一度お店を閉店した後、自宅横に新店舗を増築。パンのネット販売を継続しながら半年かけて内装を手づくりする

2012.3
新店舗にて「わざわざ」を再オープン

毎朝
手づくり！
BREAD
MENU

室温で時間をかけて発酵させる シンプルな材料のシンプルなパン

販売しているパンは2種類のみ。写真・上の「みまきカンパーニュ」（ホール1000円）と、写真・左の「角食」（1斤380円、1.5斤500円、1/2にカット可）。カンパーニュは1/2（500円）、1/4（250円）にカット可。

て管理も大変です。それよりもパンのクオリティを高めることに注力したいと考えた結果、シンプルなパンだけにしました」

そう語るのは代表の平田はる香さん。毎日食べてほしいから、飽きのこないシンプルなパンを、オーガニック、無添加の材料でつくっている。

固定観念に縛られず無理をしないから続けられる

パン屋の仕事は早朝からはじまり、長時間・重労働のハードワーク。そんな固定観念に縛られていないのも平田さんの強みだ。

もともとパンづくりは独学で習得したこともあり、良い意味でいわゆる「パン屋の常識」がない。

天然酵母の発酵を温度調整しない室温で24時間かけて行っているのも、「人の生活サイクルに酵母のほうを合わせたから」という。

東北の震災を契機に薪窯をつくろうと思ったときも、ロケットストーブを組み込んで自ら設計した。

焼き菓子はビスコッティ、スコーン、クッキーの3種類を用意。右上から時計回りに、「季節のビスコッティ」（200円）。「ふつうのクッキー」（1袋350円）。「全粒スコーン」（1個150円、5個800円）。

「おそらく、日本でロケットストーブを組み込んだ薪窯は、これがはじめてだと思う」という平田さん。燃焼効率が良く、重い薪を運ぶ労力を減らすことができた。

パンを販売するネットショップも同様だ。お店を開く前、移動販売を行っていたころからパンをネット上で販売していたが、もともとは廃棄ロスをなくすのが目的。当日中に発送すれば、翌日にはお客さまに届くので品質にも問題はないと考えた。

売れ残り＝廃棄という考えに縛られず、いかにロスをなくすか、焼いたパンを無駄にせず、美味しく食べてもらえるかを工夫した結果だ。

現在のネットショップは、毎週火曜の昼にカートをオープンし、パンの販売をしているが、つねに1～2時間で完売してしまう人気店だ。

出荷量は担当者が、製造数から店頭での売れ行きデータなどを勘案して調整している。「売り切れ続き」だったら、もっと販売数を増やして

（右）焼き上がった食パン、カンパーニュは壁際の棚に保管。（左）薪窯の芳ばしい香りが漂うカンパーニュは、ショーケースでもひときわ目立つ存在感。材料は国産小麦、自家製天然酵母、塩と水だけと限りなくシンプル。

テラス席で買ったパンをさっそく頬張るお客さまも。お店の建具は地元のお客さまに声をかけていらないものを譲ってもらって再利用。

朝5時に薪窯に火を入れるのが仕事開始の合図。17時には掃除を終えて業務終了です。

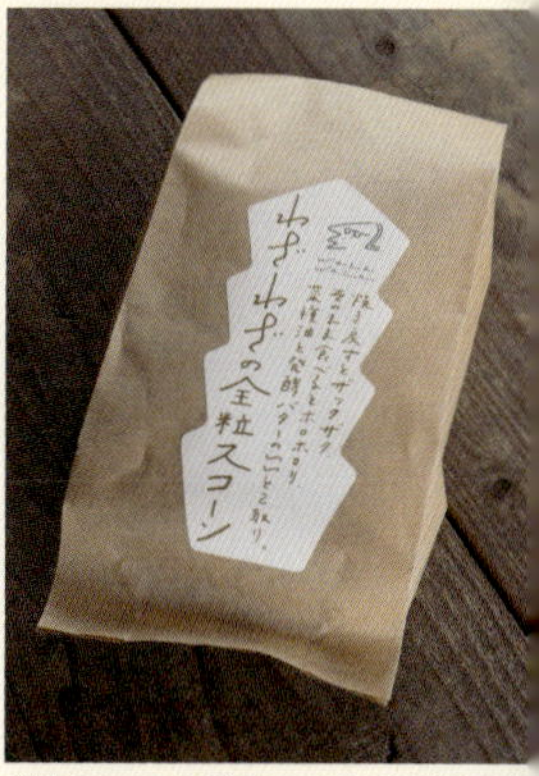
わざわざの全粒スコーン

全粒スコーンの5個セットや、お菓子の詰め合わせも人気だ。季節限定でパウンドケーキやタルト、クリスマスにはシュトーレンも販売する。

わざわざのお菓子全部入り

（右・上下）屋根裏の天井が秘密基地のような雰囲気を醸し出している日用品のコーナー。パン好きに評判の京都辻和金網の焼き網、白木屋傳兵衛の箒、東屋の銅のやかんなど、こだわりの品が並ぶ。（左上）毎日使う調味料や食品は安全なものをとの思いから、無農薬、低農薬のものを中心に、つくり手の顔が見えるものを選んでいる。（左下）レジ横では小引き出しなどを使ってパンや焼き菓子を入れる袋などの資材をコンパクトに収納している。

もよいようなものだが、今のところ増やすつもりはない。

「現在、私もスタッフも忙しいながらも余裕がある状態で仕事をしています。販売数を増やすには無理をすることになり、そうなるとどこかにひずみが出て続かない」と語る平田さん。

「品切れ続きでお客さまにはご迷惑をおかけしています。今後、スタッフを増やすなどの体制が整えば、増産も考えたいと思います」

決して無理をせず自分たちのペースを守るというのも、商売を継続するための秘訣といえそうだ。

自分たちが使っているもの 特別ではない「日用品」を提案

「わざわざ」にはパン以外にもう一つ、日用品という主軸となる商品がある。

お店の1階にはジャムやオーガニックのお茶、パスタ、乾物、調味料などの食材が並んでいる。すべて平田さんやスタッフが実際に食べてみて、美味しいと思ったものばかりで、手描きのPOPには味の感想や食べ方のアドバイスなどのおすすめポイントが書かれている。

屋根裏のような2階に上がると、小ぢんまりとした空間に作家物の食器やリネン類、調理器具のほか、オリジナルプロダクトである靴下や帽子、Tシャツなどの衣類、カッティングボードなどが並ぶ。

開店当初から、パンと一緒に日用品を販売していた。商品を選ぶ基準は「毎日使えて、誰にでも手が届くもの」。自分が使って良いと思ったものを人にも知ってほしいという思いからはじめた日用品の販売なので、作家物の食器も特別なものではなく日常使いができるものばかりだ。

「こんな商品があったらいいな」を形にしたオリジナルプロダクトも、質の良いものを自分たちのアイデアをプロに相談しながら試行錯誤し、つくり上げている。

店の中央の薪窯から
１日３回、パンを焼き上げる

PLAN DATA
広さ：約20坪
設計〜完成まで：約6カ月

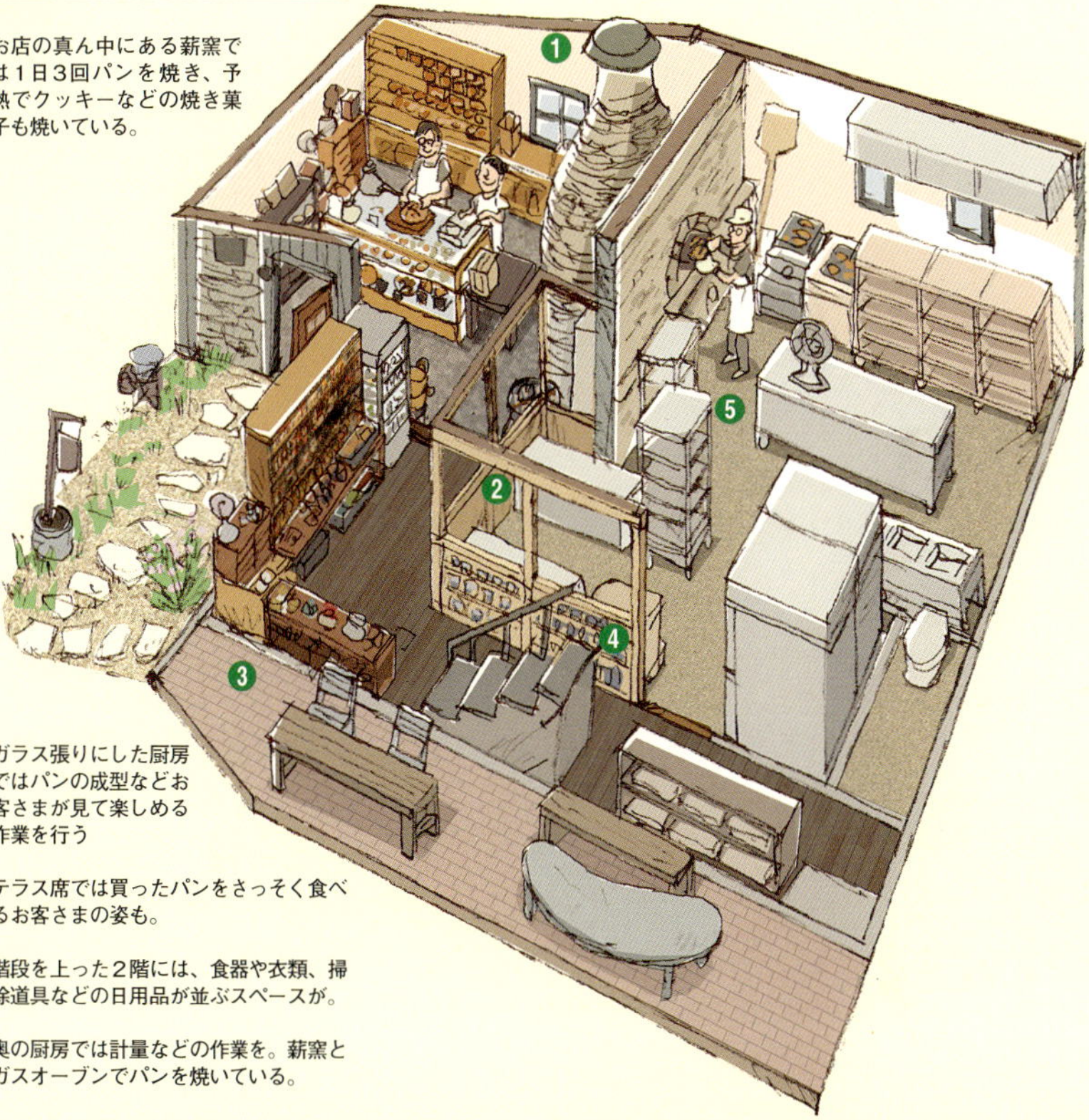

❶お店の真ん中にある薪窯では１日３回パンを焼き、予熱でクッキーなどの焼き菓子も焼いている。

❷ガラス張りにした厨房ではパンの成型などお客さまが見て楽しめる作業を行う

❸テラス席では買ったパンをさっそく食べるお客さまの姿も。

❹階段を上った２階には、食器や衣類、掃除道具などの日用品が並ぶスペースが。

❺奥の厨房では計量などの作業を。薪窯とガスオーブンでパンを焼いている。

お客さまの声

わざわざ来た甲斐がある！　そんなお店です。とくにレーズンのカンパーニュはかめばかむほど、小麦とレーズンの甘さが感じられて、大好きな一品です。

長く働いてもらうために必要なスタッフ育成とコミュニケーション

アルバイトはフリースケジュール制で、出社日を自由に決められる。業務の流れを見て、商品の袋詰めなど自分たちで仕事の割りふりも行う。また、社員とアルバイトが1人ずつ、ペアとなって仕事をする。1人が接客していたら、もう1人は商品を準備するなど、役割分担も臨機応変にしている。

ココがいいね!

- 「わざわざ」の理念を理解して、働きたいと思ってもらえる
- 得意な分野の仕事で長く働いてもらえる人を募る
- 年齢・経験は不問。もっとも重視するのは人間性

年2回のスタッフ募集と独自の採用プログラム

これまで個人事業主として店舗とネットショップを経営してきた平田さんは、17年3月に法人化し、株式会社わざわざを設立した。

その主たる目的の一つがスタッフの採用だ。現在、平田さんも含めて10人が正社員、アルバイトとして働いており、秋にもう1人の入社が決まっている。

「業務が拡大するにつれてスタッフも増えてきました。これからやりたいことがたくさんあるので、長く働いてくれるスタッフを育成しなくてはと思っています」と語る平田さん。

そこで17年から年に2回、定期的にスタッフの募集を行うことにしたという。

採用までには書類選考や面接のほか、「わざわざの働きかた」という本を読んだ感想文の提出や、同店での仕事体験など、ユニークなプログラムが組まれている。

お店の前にある畑では、スタッフが育てている野菜がたくさん。毎朝収穫して、まかない料理にも使われ、また畑仕事はスタッフとのコミュニケーションの場にもなっている。

年2回の
スタッフの定期募集は、
「よい人がいたら採用する」
というスタンス。
「わざわざ」を
一緒に育てていくスタッフを
募集しています。

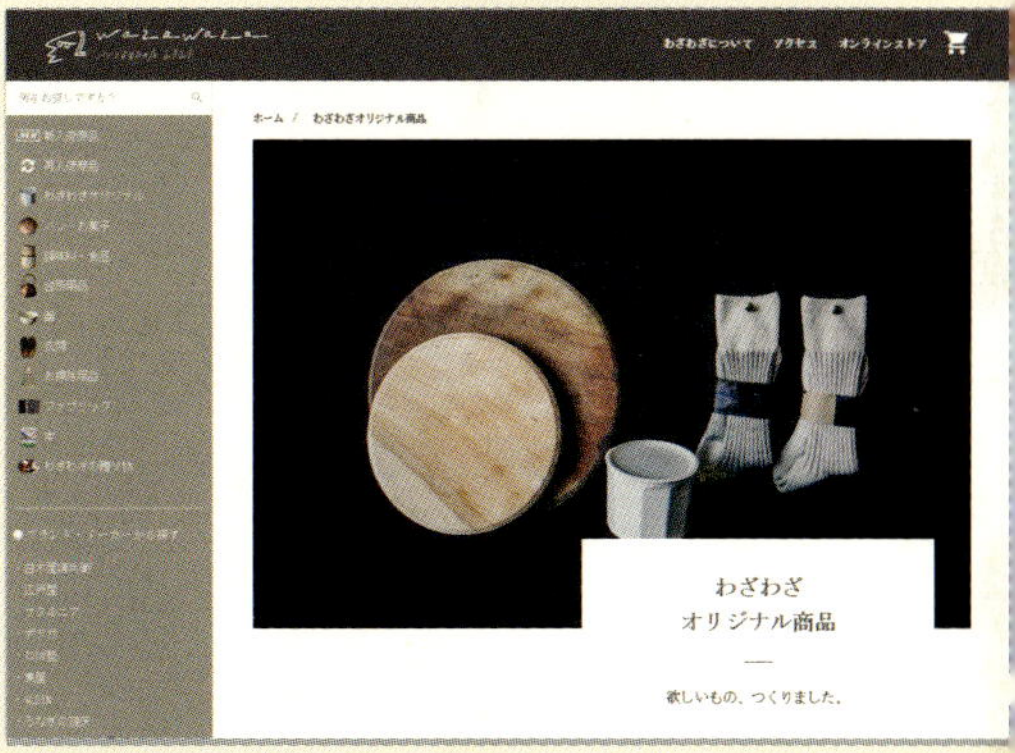
わざわざについて
アクセス
オンラインストア
ホーム / わざわざオリジナル商品
わざわざ
オリジナル商品
欲しいもの、つくりました。

将来はレストランを併設したり、オリジナルプロダクトをさらに展開するなど、業務の拡大に意欲的（画像は「わざわざ」のHPより）。

店主愛用「もんぺ」推しイベントやオリジナルプロダクトの企画も

福岡県八女市にある「うなぎの寝床」というアンテナショップオリジナルのもんぺを、日ごろから愛用する平田さん。好きが高じて年に一度、お店でオリジナルのもんぺを販売する「もんぺ博」を開催している。もちろん日ごろから店舗やネットショップでも人気の商品だ。そのほか、パン屋の帽子やTシャツといったオリジナルプロダクトもスタッフとともに自ら企画・立案を行っている。

久留米絣でつくられた現代的なデザインのもんぺ。男女共用で洗ってもすぐ乾き、動きやすくて丈夫と人気商品の一つ。

勤務スタイルで面白いのは、アルバイトの出退勤が自由に決められること。スタッフ間でスケジュールを共有し、作業の割りふりも自分たちで臨機応変に対応することができるのだ。

また人事評価はせず、苦手な仕事はしなくてもいいことになっている。得意な分野で仕事をしたほうが作業効率もよく、長く働いてもらえるという柔軟な考え方に基づいている。

週末には観光客でにぎわう街で地元にこだわりのパンを広めたい！

OPEN 2014.10

日々舎

ハード系のパンは上段の目につく位置に。人気のベーグルは定番から季節限定品まで常時数種類並べている。

店内は大人２人が入ればいっぱい。外で順番を待つお客さまも。陶器市のたびに訪れてくれる、馴染み客もついている。

くわしくはP.077で

お店の名前は、毎日コツコツと、地に足がついた感じをイメージしてつけました。夫婦2人で切り盛りする小さなパン屋です。

開業資金　200万円

・自己資金　200万円

〈内訳〉

・設備投資　80万円
・器具　40万円
・仕入れ費・運転資金　80万円

Natural《ナチュラル》 Bakery《ベイカリー》 日々舎《にちにちしゃ》

住所▶栃木県芳賀郡益子町益子4283-5　益古時計敷地内
TEL ▶ HP のお問い合わせフォームをご利用ください
営業時間▶11：00〜17：00
定休日▶日曜・月曜・そのほか臨時休業あり
交通▶真岡鐵道益子駅から車で5分

（右上）周りを木々に囲まれた、山小屋風の外観。（左上）クッキー、スコーンなどの焼き菓子や、ピーナッツバター、アーモンドバター、ハチミツ、スプレッドなども販売。（左下）スチール製のオープンシェルフをビニールハウスに温風を送り込むときに使うシートで覆っている。下段に小型のホイロを入れて温度調整し、高価な大型のホイロ代わりに利用。

週末の定休日には、道の駅で販売します。シンプルなハード系の素朴なパンの美味しさを知ってほしいから。

地元の人に愛される森の小さなパン屋

焼き物の街として全国に名を知られる益子。真岡鐵道益子駅から車で5分ほど、ペンションに隣接した山小屋風の小さな建物が「日々舎」だ。

緑色のドアを開けると、大人が2人立てばぎっしりというぐらいに狭い店内。ショーケースにはシナモンロールやマフィンといった甘いパンからベーグルや新鮮な野菜を挟んだサンドイッチ、ライ麦パンやカンパーニュなどの食事系パンなどがコンパクトに並んでいる。

お店は森の中にある。住宅街でも商店街でもない。ここにパン屋があると知らなければたどり着けない場所にもかかわらず、次々に来店客が車で乗り付ける。このお店の存在が周囲に知れ渡っている証拠だ。

じつは益子にはパン屋が12軒点在し、「パンの町」ともいわれている。そのなかでも「日々舎」は若いお店である。

「春と秋に開催される陶器市には全国から人が集まるので観光ついでのお客さんが増えますが、日ごろは地元の方が中心。宇都宮や水戸から車

開業ストーリー

～2005
出身地の東京にあるカフェで働く。自家製酵母を使うパン教室に通ってパンづくりを覚えた

2006
益子町に転居。オーガニックカフェで働く

2014.5
物件探し開始。知り合いだったペンションオーナーから敷地内の物件が空いていると聞き、開業を決意する

2014.10
「日々舎」をオープン

毎朝
手づくり！
BREAD
MENU

かむほどに味わい深い
自家製酵母のパン＆ベーグル etc.

で片道1時間ぐらいかけて買いに来てくださる方もいらっしゃいます」

店主の池田絵美さんは、夫の健さんと2人でお店を切り盛りしている。

すべてのパンに手間を惜しまない仕込みへのこだわり

パンには自家製の天然酵母を使っている。厨房の大型冷蔵庫で管理するのは小麦から起こしたルヴァン種、酒粕酵母、レーズン酵母など。それらの酵母を、パンごとの特性に合わせて使い分ける。

また国産小麦を使い、フィリングやサンドイッチの具材には隣町の無農薬農園でとれた野菜や地元の果物を使う。なるべく身の周りで買えるものから素材を厳選しているという。

パンづくりの最大の特徴は、手間をかけた生地の仕込みだ。

ハード系のパンとソフト系のパンで生地を分けて仕込むのは普通だが、パン生地の仕込みをさらに細分化して、パンの種類ごとに仕込みを分け

右上から時計回りに、「くるみとぶどうのパン」（ホール960円／ハーフ480円）、「湯種イングリッシュマフィン」（180円）、「レーズンクリームチーズベーグル」（240円）、「ライ麦40」（ホール730円／ハーフ380円）

湯種イングリッシュマフィン
¥180
マルチグレインの塩パン
新じゃがのポテトサラダサンド
¥340
ブルーベリージャム＆クリームチーズ
¥280

（上）右は「マルチグレインの塩パン」（200円）。（下）左は「新じゃがのポテトサラダサンド」（340円）、右のマフィンは「ブルーベリージャムとクリームチーズ」入り（280円）。

パンは日常的に食べるもの。
パン屋にとって
暮らしの延長にある仕事です。
自分が食べたい食材を使って、
パンをつくっています。

ているのだ。

　たとえばベーグルはプレーン以外にベリーやクリームチーズ、ナッツを入れたものなど数種類を用意しているが、すべてのベーグル生地を一度に仕込むのではなく、中に何を入れるかによって生地を変えているという。

「素材の水分量などによって最適な生地の状態は異なります。ところが一括で生地を仕込むと、後からの微調整が難しい。ならば多少手間はかかっても、最初から生地を分けて仕込んだほうがいいと考えました」

　一見、余計な手間をかけているように思えるかもしれないが、一つひとつのパンの特徴を大切にし、素材を生かし切ることを考えた結果、たどり着いたつくり方だった。

　池田さんがめざすのは、「美味しい」はもちろん「身体が喜ぶ」パンづくり。かめばかむほど味わいが深まるパンや焼き菓子になればと、手間を惜しまないのだ。

ベーグルはクランベリーやカシューナッツ、クリームチーズ、ドライトマトを入れたものなど、数種類を用意しているが、すべてのベーグル生地の仕込みを分けている。

夏野菜とベーコンを使った「旬野菜のピザ」（280円）。パンの製造は夫の健さんを中心に2人で、接客は絵美さんが主に担当。サンドイッチの具材やフィリングなどもすべて手づくり。

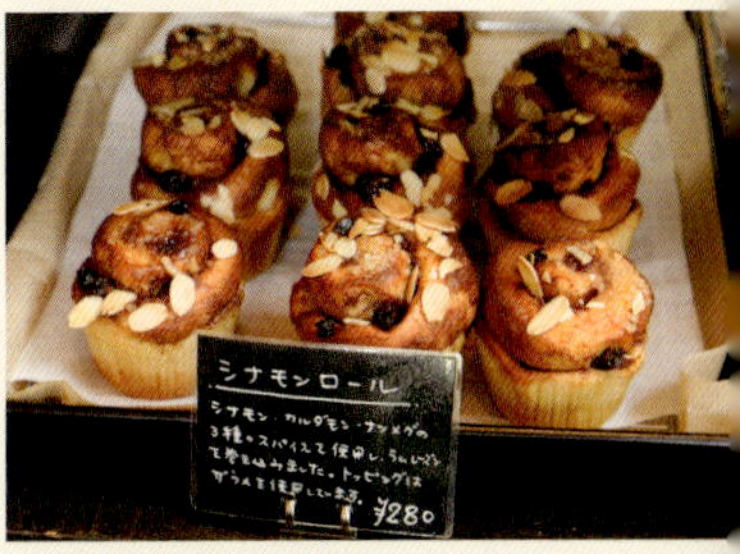

「シナモンロール」（280円）は、シナモン、カルダモン、ナツメグの3種のスパイスを使用して、ラムレーズンを巻き込んでいる。

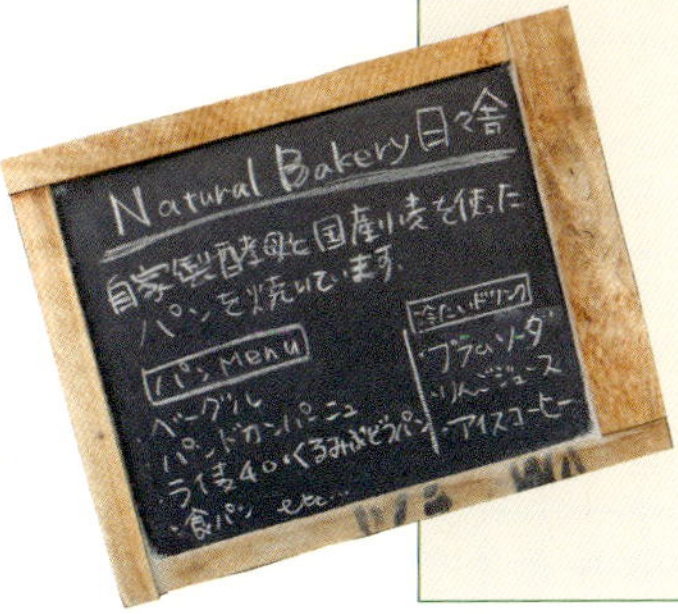

マフィンやスコーンにも自家製酵母を使用。オーガニックレーズンから起こした酵母やパン酵母など、種類によって酵母を使い分け、ゆっくりと時間をかけて発酵させている。

（右上）ペンション「益古時計」の敷地内にある「日々舎」。道路から奥まったところに店舗があるため、道路に面した看板で営業中を案内している。（左上）飾り棚にさりげなく置かれている、地元の「よしざわ窯」の食パン型小物入れ。お客さまから「よしざわのモノ？」と聞かれるほど人気の窯元だ。（左下）奥の飾り棚などはもともとあったものの色を塗りなおしてリメイク。手づくりなどで経費を節約した。

開業資金不足は経費を節約してクリア

東京出身の池田さんは、はじめから益子でパン屋をやろうと考えたわけではない。もともとオーガニックに興味があり、益子のオーガニックカフェで働くために引っ越してきた。

パンづくりは都内のカフェで働いていたときに自家製酵母を使うパン教室に通って覚えた。夫の健さんもイタリア料理店で働いており、ピザやフォカッチャはお手の物だった。

いずれは東京に戻る予定だったが、益子の「いろいろなところから人が集まる、自由な空気」が気に入り、移住することに。物件の持ち主であるペンションオーナーと知り合いだったことから開業を決意した。

「以前は別のパン屋さんが使っていたのですが、移転して空いていると聞いたので決めました」という。

いずれは開業しようと思ってはいたものの、準備中で資金は十分ではなかった。しかし、それも壁やドアの色塗りは自分たちでやり、什器も自作したり、あるものを活用したりして経費を節約して乗り切った。

ハード系パンの美味しさを地元の人に伝えたい

お店のホームページではパンをより美味しく食べてもらう方法を紹介。パンの切り方や焼き方、鮮度を保つ保存方法なども提案する。

また「ハード系のパンはご飯のように何かと一緒に食べるのが美味しい」と考え、はちみつやディップなど、パンに合う商品も揃える。

毎週末の定休日は地元の道の駅でパンの卸販売も行う。観光客だけでなく地元の人もたくさん集まるので、お店のよい宣伝になるからだ。

「地元にはカンパーニュやバゲット、ライ麦のパンなどハード系のパンに馴染みがない人も多い。だから、もっとシンプルなハード系のパンの素朴な美味しさを皆さんに伝えたいと思っています」

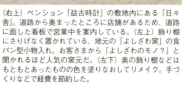

資金不足はアイデアでカバー
工夫あふれる厨房設備

PLAN DATA

広さ：7坪
物件探し～完成まで：約5カ月

❶ケースにはガラスが入っていないので、お客さまが自分でパンをトレーに取ることも可能。

❷厨房との間はガラス入りの引き戸で仕切り、店頭と厨房、双方の状況がチェックできるようにしている。

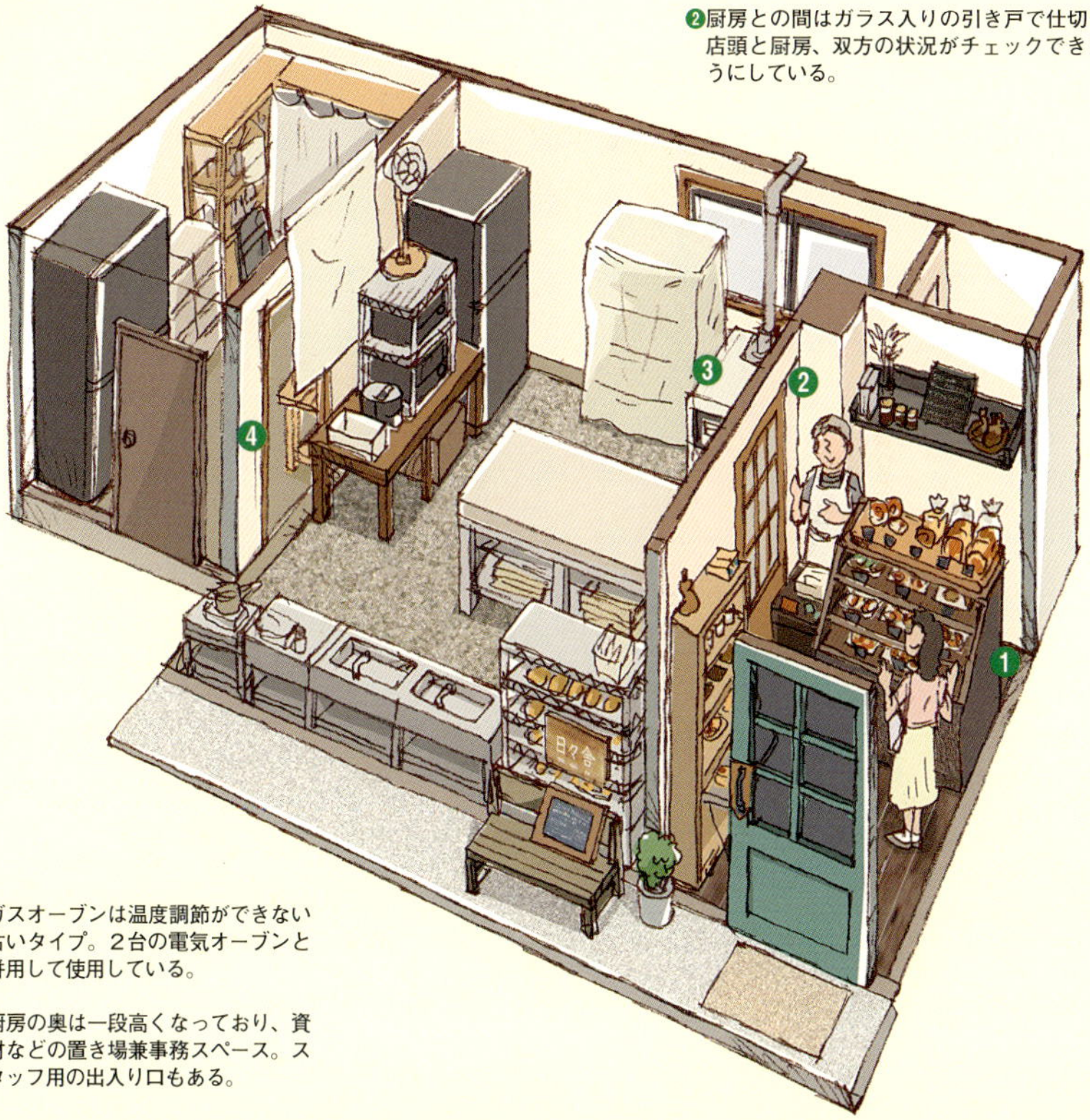

❸ガスオーブンは温度調節ができない古いタイプ。２台の電気オーブンと併用して使用している。

❹厨房の奥は一段高くなっており、資材などの置き場兼事務スペース。スタッフ用の出入り口もある。

お客さまの声

よくランチ用にパンを買いに来ます。ベーグルがお気に入り。なかでもクランベリーとクリームチーズのベーグルはもちもちした食感で、かめばかむほど甘みが出てきます。来るたびに買ってしまいますね。

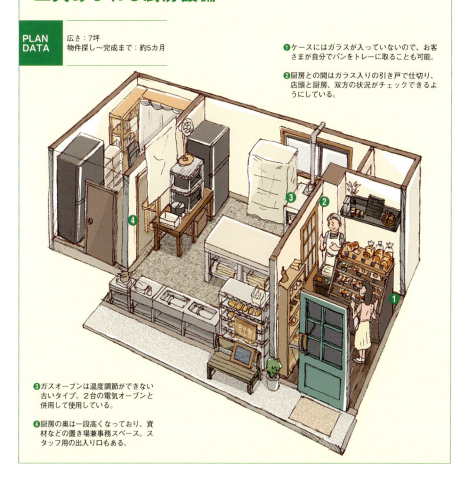

近くの街、遠くの街を訪ねて
パンの世界の扉を開けよう！

比べてみよう！

路面店が当たり前のパン屋は、外観に個性が表れやすい。
毎日買ってもらうためにパンが見えやすい全面ガラス張りにしたり、
お客さまの興味を引くデザインを考えたり、
それぞれの店主のお店に対する考え方しだい。
そんな個性的なパン屋を街角で見つけると、
扉の向こうにどんなパンの世界があるのか知りたくなるのだ。

全面ガラス張り

ブーランジュリー コメット
爽やかなブルーの外観は遠くからでも目立つ。入口扉を含めて全面がガラス張りなので、どれだけパンが並んでいるかもうかがうことができる。入店を前にして期待が膨らむのだ。

365日
黒を基調にした店頭に立つと、店内の様子が浮かび上がる。料理店のような引き戸の向こうには食パン類の棚、イートインスペースでくつろぐ人の姿も。

ツナグベイク
店主自身がデザインした店内同様、外観にも古材を使い、古道具と植物を置いている。パンと同様に、これらも商品だ。

こだわり派

三好パン
あえて開口部をできるだけ少なくしたデザインは、看板が目立たないこともあり、何のお店なのかわからないので興味を引く。

ブーランジェリー オンニ
店主の奥様が、ずっと夢に描いていたパン屋をそのまま実現したお店。日当たりのいい店頭のテラスでパンを味わえる。

ブーランジュリー ボネダンヌ
どこにでもあるような生活道路に面しているが、店内に足を踏み入れると店主のパンやお菓子づくりの世界にどっぷり浸ることができる。

カフェ風

SONKA
パンをモチーフにしたオブジェや植物、漆喰風に仕上げたピンクの外壁が目印。遊び心のあるカフェのように見える。

山小屋風

日々舎
鬱蒼とした木々に囲まれた山小屋を思わせる外観。都会では、まずやろうと思ってもできないパン屋の姿といえる。

る前に知っておきたいこと

パン屋になるには技術さえあればいいわけではない。
美味しいパンを焼けることは大事だが、
ほかにも忘れてはいけないことがたくさんある。
開業資金や物件探し、内装工事などなど……。
規模が小さくてもお客さまを呼ぶことは可能だが、

part
2

小さなパン屋をはじめ

その前に準備しておくこととは?
オープン後になって準備が足りなかったとか、
ああしておけばよかったという話はよくあること。
人気店を参考にしながら紹介していこう。

効率的にお店をつくる 開業までのスケジュール

自分のパン屋をオープンしたい！　と決意してから、開業するまでにはさまざまなステップがある。まずは、どんな手順を踏むのかを明確にし、夢を実現させるためのスケジュールを考えよう。

まずはオープンまでのステップを自分に当てはめて考えよう！

オープンまで1年を想定し行動計画を立てよう

パン屋をはじめようとする人は、まず近くのパン屋や、有力店で修業することが多い。働きながら製パン技術を習得するとともに、お店経営についても肌で学ぶことができるのは大きな魅力に違いない。

一方、専門学校で技術を学んだり、なかには独学で美味しいパンをつくるようになる人もいる。

パン屋は小さな規模でオープンできるが、開業を決めてからオープンするまでの準備期間は、人によって長短の差があるのだ。そこで、たとえば、技術を身に付けて独立を決意してから、オープンまでを約1年と想定してスケジュールを立てるとわかりやすいだろう。

そこで、まず考えなくてはいけないのがコンセプト。「国産食材を使用した、子どもから大人まで安心して食べられるパン屋さん」というように、客層と提供するパンを具体的にイメージ。

それをベースにして、出店する立地や営業時間、お店の雰囲気やメニュー構成などを決めていく。開業を決意してからコンセプト決定まで、4、5カ月はかかると思っておいた方がよい。

コンセプトが決まったら、次は物件探し。コンセプトに見合った立地と物件を探す。すぐに見つかることもあれば、なかなか見つからないこともあるので、オープンの6カ月前には行動を起こしたほうがいい。

■コンセプトと資金計画

あいまいなコンセプトでは一貫性のないお店になり、資金計画が甘いと実際の経営に危機が。最初が肝心で、お店の方向性を決めるコンセプトとそれを実現するための資金計画は、今後のお店づくりの要になる。具体的に設定し、堅実な経営の第一歩を踏み出そう。

資金計画は綿密に オープンの半年前までに行う

お店づくりは、開業資金がどれだけあるかに左右される。自己資金が足りない場合は、日本政策金融公庫や地方自治体の融資制度などを利用する方法が一般的だ。借入れ先に提出する開業計画書の作成のために約1カ月はみておき、その間、物件探しも並行して行おう。

物件を絞り込むのと同時に、提供するパンのラインナップを考える。定番メニューと季節のメニューを考え、価格設定はお客さま視点を意識することを忘れずに。

店舗デザインをプロに任せる場合、3カ月前には発注すること。工事内容にもよるが、通常1～2カ月を要することが多い。工事中は、厨房設備機器や食材などの取引業者を探したり、さまざまな準備も必要となる。工事が終了すれば、製造手順や接客方法などを確認するための時間も必要になる。

オープンまでの期限を切ってスケジュールを立てると、効率的にお店づくりが進められるはず。

オープンまでのスケジュールを考えよう

1～3カ月目　他店を視察する
雑誌やインターネットなどで最新情報に触れ、人気店やこれから自分がつくりたいお店に近い人気パン屋さんを巡ってみよう。接客やお客さまの反応もチェックしたい。

4～5カ月目　コンセプトを決める
自分のお店にもっとも来店してほしいお客さまを、年齢や性別、職業のほかライフスタイルまで細かくイメージし、誰に何を提供するお店にするかを明確にしよう。

6カ月目　資金計画を立てる
開業に必要な資金を紙に書き出し、詳細な資金計画を立てよう。自己資金の不足分を補う借入れ先、開店直後に必要なお金、売上目標をしっかり想定しておくことが大切だ。

6カ月目　物件を探す
出店希望エリアの周辺環境、競合店や客層、駅、住宅街からのアクセスのよさなどをチェック。コンセプトと合致する物件を取得しよう。

7～8カ月目　メニュー考案と価格の設定
味や量、大きさまで細かくイメージし、定番メニューと季節メニューを考える。価格は食材の原価やお店のコンセプトをふまえ、お客さま目線で適正に設定するようにしよう。

7～8カ月目　店舗をイメージする
店舗デザインは、雰囲気だけでなく機能的かどうかも重要なポイント。他店を視察する際に、お店の坪数と店舗レイアウトを確認しておくとイメージしやすい。

9カ月目　店舗工事の発注
なるべく手がけた店舗を知っている設計施工業者を探そう。好きなお店を手がけた業者を教えてもらうのも手だ。できればパン屋の設計施工の経験があることが望ましい。

10～11カ月目　食材や備品、調理機器などの調達
メニューに必要な食材や消耗品などの備品類を発注し、厨房機器をお店に搬入する。お店のロゴや看板、チラシには、コンセプトと自分らしさを表現しよう。

CHECK 01

オープン直前には、どんなトラブルが起きても迅速に対応できるよう本番を意識して、製造までの工程チェック、接客のシミュレーションなどを万全にして備えよう。

狭小であることを生かしたお店や手づくり感のあるお店に注目!

小さなパン屋はつくり手とお客さまがコミュニケーションをしながら買い物できるお店として、地域に根づいているお店が多いようだ。

狭いスペースも有効活用すれば小さいお店ならではの魅力に

小さくてもお客さまに愛されるパン屋とは？

限られたスペースを最大限に有効活用し、豊富なパンを提供。人気店として評判のお店は少なくない。

たとえば、「日々舎」（72ページ）は売り場約2坪、厨房約5坪で、お客さまが2人も来店すればいっぱいになってしまう小さなお店だ。生産量も限られるので、パンが売り切れになることもあるとか。

現在は店主・池田さんのみが店頭販売を切り盛りして、ネットでの通販にも対応するが、完売すれば営業終了という日もあるようだ。

狭さを克服するためのポイントとしては、ほかにも対面販売にしたり、予約を受け付けて取り置きしたりするパン屋もある。

このように店舗全体で約10坪あれば充実したお店づくりが可能なのだ。

小さなパン屋の特徴としては、入ってすぐ商品が目立つようにショーケースを基準にレイアウトし、1人でも販売ができるようにすること。狭いスペースでもショーケース周りに多くの商品を陳列すれば、売り場自体を最小限にすることが可能だ。あるいはショーケース上のカウンターには1品につき3、4個ずつを並べ、乗り切らないぶんはラックにストックするなどの工夫は必要になる。

また、お客さまに少しでも圧迫感を与えないような配慮も見られる。たとえば、「コメット」（32ページ）では、売り場に鏡を設置して視覚の広がりを演出している。注文待ちのお客さまのために椅子を用意し、高

■ 厨房は中央に作業台を

中央にメインの作業台を配置すれば、全体を見渡すことができ、作業もしやすい。シンク、ミキサー、作業台、オーブンと作業の流れに沿って設備を配置するなど、効率よく動くことができるのも、小さなパン屋のメリットとなる。

齢者や子どもにも喜ばれている。

　小さなパン屋のメリットとしては、第一にお客さまとの距離が近いことが挙げられる。パンづくりの様子を見てもらい、安心して食べてもらうことができるのだ。

手づくり感のある厨房づくりを

　お客さまにパンづくりの様子を見てもらうための工夫としては、お店の前面をガラス張りにしてオーブンを見える場所に置く、厨房と売り場の間を開放する、大きな窓を設けるなどの方法がある。一方で、つくり手側は売り場の様子がすぐにわかるので、混雑してきたら、すぐに応援できたり、売り場に奥行をもたせる効果もある。

　厨房のなかはオーブンやラックを売り場に近い位置に置き、焼き上がったばかりのパンの香りが店内に流れるように。焼き立てをすぐに補充できるのも便利だ。

小さなパン屋ならではのメリットを生かした実例の一部を、ポイントごとに見てみよう！

小さなパン屋のスペース活用例

◆奥行のある間取りの壁際に並べる

壁の長辺を生かしてパンを並べることができるので、いろいろな種類のパンをひと目で見渡すことができる。動線が短くなるので、お客さま同士がぶつかることも少なくなる。

(HANAKAGO)

◆壁にしつらえたボックス型の棚を活用

メインのパン以外は、壁の高さを生かした棚を設置してディスプレイ。お客さまの目線の高さになるので、ついで買いも期待できる。一部に鏡を設置すると空間に広がりを感じさせる。

(コメット)

◆厨房と売り場に間仕切りを設けない

売り場と厨房の間に間仕切りがないので、作業をしながら売り場のお客さまの様子がわかる。しかも売り場から厨房は死角になっているので、丸見えになることはない。

(三好パン)

◆限られた種類のパンだけ陳列

来店客の期待に応えるように、厨房にストックしておいたり、フェイスブックなどでその日にあるパンを紹介してもいい。定番以外は焼ける日を決めておくと、品揃えに変化も出る。

(日々舎)

CHECK 02

開業を考えるなら、小さなパン屋に限らず、いろいろなタイプのパン屋をめぐってみよう。何かヒントになることが見つかれば、自分のお店に取り入れられないかを検討。パン屋に限らず、ケーキ屋、雑貨屋も参考になるかも。

本格的なカフェを併設したりイートインもできるお店が人気

パンを持ち帰るだけでなく、
焼き立てのホカホカをその場で食べたい、
買い物や散歩の途中にちょっと味見したい、
というお客さまも少なくないようだ。

パンの魅力を引き出すための代表的な空間利用スタイル

焼き立てパン付きのランチやワインセミナーも開催

売り場のパンや焼き菓子を飲み物と一緒にテーブル席で食べることができるのがベーカリーカフェの基本スタイルだが、近年では本格的なカフェを併設するパン屋も増えてきている。

たとえば、「SONKA」（58ページ）は、店主の村山さん自身が近所の人たちと交流を持ちたかったことから、イートインというよりもカフェそのものの印象に近いお店をつくった。

店内ではイギリス製のスピーカーから好きな音楽を流したり、カウンターで読書を楽しめるように、本や雑誌も用意。フランスパンのサンドイッチを売りにしてコーヒーのほかに、ビールやワインも出している。

実際に、パンを買わずに飲み物だけでのんびりと時間を過ごすお客さまもいるとか。

また、「オンニ」（38ページ）は、店内にカウンターと、店頭にウッドテラスを設けていて、その日の天候や気分によって使い分けることができる。犬の散歩中のお客さまでも気軽に立ち寄れるように、リードフックや水皿も用意している。

ほかにも製パンの技術をもつ人がカフェを開き、その後お客さまの要望でパンをお店に出すようになったり、スペインバルやイタリアンバールを併設するケースもある。パン屋と飲食店との境界線はあいまいになりつつあるが、利用するお客さまにとっては好評のようだ。

売り場の一角に設ける イートインスペース

「三好パン」（52ページ）は、元うどん屋だった物件をスケルトン状態にしてリノベーションしている。

その際、売り場の脇に奥まった空間を設け、お客さまは焼き立てパンと飲み物を持ち込んで味わえるようにした。

あえて窓をつくらず、外からの視線も気にならないように配慮したイートインスペースだ。

また「365日」（18ページ）はパン屋にもかかわらず、スタッフにバリスタやソムリエがいて、パンに合わせる飲み物をお任せにできる。

さらに、近くの姉妹店「15℃」では朝食には和食も出すのが、同店ならではの食の提案の一つだ。

パンのほかに知り合いの作家の手による雑貨や陶器などを陳列販売したり、本や雑誌を置いてゆっくりパンを楽しんでもらえるような工夫もよく見られる。

売り場の一角にちょっとしたテーブルと椅子を置くだけでも、れっきとしたイートインに。資金と広さに余裕があれば、本格的カフェも実現できる。

焼き立てパンを店内で楽しめるスペース例

◆あえてクローズ感のあるスペースに

狭くて細長い空間には窓がないぶん、落ち着いてパンを味わうことができる。よくある開放的なイートインとは正反対のイメージだが、お店を印象づけるのにも役立っているかも。
（三好パン）

◆のんびりカフェのムードいっぱい

一見するとパン屋と思えない雰囲気が漂うのは、カフェ並みのカウンターと、不揃いの椅子のためだろう。一角にキッズスペースもあるので、子ども連れの主婦にも好評だ。
（SONKA）

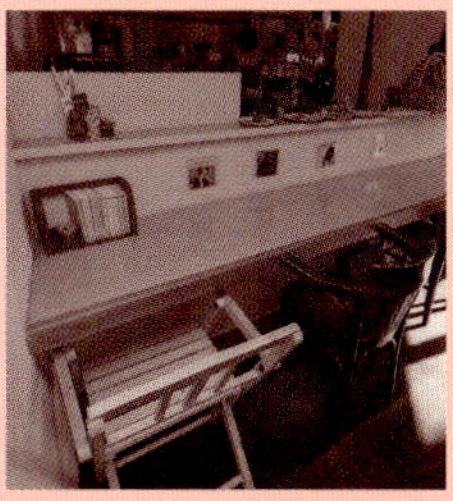

◆運転疲れを癒せる風通しのよいテラス席

車の来店客が多いお店なら、駐車場とともにパンを食べられる場所があると喜ばれる。運転に疲れた体を美味しいパンで癒してもらうのに最適。写真の２人は兵庫からのお客さまだ。
（わざわざ）

◆バリスタ、ソムリエのいるカウンター席

いつも来店客で混んでいる店内だが、カウンターに陣取れば好みのパンと飲み物をお供にのんびりできる。ガラス張りの厨房でパンづくりをする様子も目に入り、ライブ感を味わえる。
（365日）

CHECK 03

パン屋にカフェを併設する手続きとしては、パン屋開業と同じ「飲食店営業許可」があればいい。ただし、カフェ用の厨房設備が必要になるので、それだけ余分な資金を用意しなければいけない。パン屋が軌道に乗ってからでもいいかもしれない。

ネット販売、イベント出店……スペース借りのお店も

限られた資金でもはじめられるので
リスクも少ない出店方法だが、
思っているほど楽ではない。
実店舗とは違った向き合い方が必要だ。

実店舗の有無にかかわらず新たな顧客獲得の手段として

ネット販売をするならまずリピーターを獲得

パン屋のなかには実店舗をもたず、インターネットを利用してパンの通販を行うケースもある。ネット販売のメリットは、パンは日常的に食べられるものなので、リピーター獲得につながりやすいという点。もし、お客さまが美味しいと感じてくれれば、次の注文も期待できる。

ただし、実店舗で固定客が大切なように、ネット販売でも安定した需要があることが大事になる。そのためには、ホームページやフェイスブック、ブログなどで、自分のパンがどれだけ美味しいか、ほかのお店のパンとは何が違うのかを広く情報発信する必要があるだろう。

本書に登場した「わざわざ」（64ページ）も、ホームページでお試しセットを販売している。いわば、〈名刺代わり〉になるような商品である。

商品の内容は角食1・5斤、みきカンパーニュ1／2、ひまわりの種とレーズンのカンパーニュ1／4、ふつうのクッキー2枚で1500円（内容は一例。3000円のセットもある。送料・手数料別。出荷は木曜～土曜のみ。詳細はHP参照）。

お客さまが実際にパンを手にし、味を気に入ればお店にも足を運んでくれるはずというわけである。

異業種の人との出会いの場がチャンス

全国各地でイベント出店するパン屋も多い。ものづくり市やファーマ

ーズマーケットなど、お店の近隣に限らず、たくさんの人が集まる会場に屋台を開いてパンや焼き菓子の一部を販売するスタイルだ。同じイベントに毎回出店すれば、顔を覚えてくれるお客さまもでき、次はお店を訪れてもらえるきっかけにもなる。

こうしたイベントでは普段あまり付き合いのない異業種の人との出会いがあることも楽しみの一つ。物づくり作家や雑貨店経営者、有機野菜の農家など、お店経営のヒントになったり、お互いに刺激を与え合うことも。イベント出店でファンを増やしていくのも一つの方法だ。

また、ほかのお店の一角にスペースを借りて、パン屋を開くケースもある。たとえばカフェや家具店などに空きスペースがあって、そこに最小限の厨房と売り場をかまえるのである。たとえ業態は違っても経営に関する考え方や、コンセプトが近ければ、相乗効果で売上げがアップすることもあるだろう。

簡単にできて、楽しそうだけれど、もちろんメリットとデメリットがある。下記を参考にしてみよう。

ネット販売とイベント出店のメリット&デメリット

◆ネット販売

メリット

・ネットショップなら、少ない資金でもはじめられる
・商品の販路を全国各地に広げられる
・リピーターがつけば売上げ予想がつきやすい
・24時間注文を受け付けることができる

デメリット

・魅力的なホームページをつくり、販売につなげるにはセンスや経験が必要
・梱包や発送の手間がかかる
・１日の発送個数には限界があり、発送の遅れはトラブルのもとに
・なかには代金が未払いになることもあるので注意が必要

【ポイント】
賞味期限や食べ方の提案など、手書きのメッセージなどを添えると差別化のポイントに。

◆イベント出店

メリット

・普段お店に来てくれない潜在客との出会いがあり、お店への誘導にもつながる可能性が
・異業種の人と知り合いになって、お互いに刺激を与え合うことも
・たくさんの人が集まるので、商品に目を留める人も多い
・思わぬファンを獲得することも珍しくない

デメリット

・陳列できる商品の数に限りがあり、絞らざるをえない
・衛生的に心配があるケースも
・イベント出店する日は、お店は休まなければいけないことが多い
・会場が遠方になることもある

【ポイント】
実店舗の経営をしながら準備が必要で、遠方になることも多く、イベント好きな人向けといえる。

CHECK 04

ネット販売を考えるのであれば、既存のネット通販をしているパン屋に注文してみよう。お客さまにどのような形で届いているのかなどを参考にしよう。イベント出店も同様に、パン屋が出店している会場に出かけてみることだ。

住宅地や郊外にも開業するパン屋が増えている

駅から徒歩10分といえば、かなり遠いイメージだが、その周辺住民にとっては必ず通る場所でもある。毎日目にするだけに、立ち寄ってくれるチャンスも大きくなる。

人通りの多い場所だけが繁盛する立地ではない！

狙いめは商店街を抜けて住宅地がはじまるあたり

限られた資金でパン屋を開業しようと思えば、駅前や商店街などは家賃、保証金が高くて難しいだろう。

しかし、近年は便利な立地にこだわる必要はなくなっている。かえって住宅地や郊外など、意外な場所にお店をかまえたほうが、お客さまに対してのワクワク感を与えることが少なくないのだ。

本書に登場する都内や横浜のパン屋も、最寄駅から徒歩7~10分くらいかかるお店が中心だが、いずれのお店もたくさんの固定客に愛されている。物件は築後古めのものもあるが、内装やインテリアで雰囲気を出したりすれば、逆にパンを引き立てたりもする。

たとえば、「ボネダンヌ」（26ページ）は、東急田園都市線の三軒茶屋と池尻大橋の2駅利用できるが、歩くと10分以上かかる。

わざわざ訪れるパン好きもいるが、地元のお客さまでも自転車で来店する人が多いようだ。

また、「SONKA」（58ページ）は、地下鉄丸ノ内線新高円寺駅から徒歩15分。JR高円寺駅からバスに乗れば7分。やはり近隣客中心だが、街道沿いにあるので車を停めてパンだけ買うお客さまもいる。

どちらのお店も駅前商店街を抜けて、地元の人しか知らないところにあるのが共通点だ。駅前に有名チェーン店があるにもかかわらず、お店の味を気に入ってくれた人が固定客化していることの現れだろう。

地方都市では駅徒歩圏よりも車利用の立地を

郊外や地方都市などでは自動車を利用する立地にお店をかまえるケースも増えている。

たとえば、「わざわざ」（64ページ）は、長野県のJR佐久平駅から車で20分はかかる。スタッフにも軽井沢から車で通う人もいるとか。周囲にはのどかな田園地帯が広がり、遠くに浅間山を望むことができる。

お客さまには県外だけでなく、外国からの観光客の姿もある。

また、「日々舎」（72ページ）は栃木県の真岡鐵道益子駅から車で5分かかるが、陶器の町だけに観光客が足を延ばしてくれるチャンスもある。

どちらのお店も駐車場を完備しているので、そのぶんの出費は仕方ないところだが、お店の評判次第ではマイカー客を誘導できるメリットがある。車を利用する人が多い地方都市では、むしろ駅前よりも有利な立地といえるかもしれない。

一般に、あまり便利ではないとされる場所で人気を得ている4つのお店の周辺環境を、写真で見てみよう。

こんな立地でもお客さまは呼べる！

駅前商店街のはずれ

新高円寺駅から徒歩15分かかる、のんびりした場所にある（JR高円寺駅からバスで7分）。また近隣にコインパーキングが多いので、車で利用することもできる。
（SONKA）

三軒茶屋と池尻大橋の2駅利用できるが、徒歩10分以上かかる。老若男女が使う生活道路に面しているので、買い物ついでに立ち寄る子ども連れの主婦客の姿も多い。
（ボネダンヌ）

車利用エリア

観光客の多い益子にあり、駅から離れたペンションの敷地内で開業。駐車場には困らないが、売り場が狭いので、並べるパンの種類が限られる。パンはネット販売も行っている。
（日々舎）

街道から農道に入ってしばらく行った場所にあるが、店主の自宅敷地内にあり、目立つ看板もないので、知らない人はパン屋だとわからないはず。のどかな風景に溶け込んでいる。
（わざわざ）

CHECK 05

気になるパン屋めぐりをする際は、店内を観察するだけでなく、必ずそのお店の周辺を歩いてみよう。どんな環境なのか、どんな人が歩いているかなどのほか、空き店舗物件があればだいたいの賃料相場を調べてみるのもいい。

比べてみよう!

つい持ち帰りたくなる美味しいショップカード

お店の個性と特徴をわかりやすく見せるのが、
ショップカードの役目。
お客さまが持ち帰りたくなるような
デザインを考えたい。

おしゃれデザイン

365日

365日
タテ位置のデザインで、ビジュアル要素を表裏ともに上半分にまとめている。色使いは1色だが紙質にこだわりも。

comète

コメット
テーマカラーの爽やかなブルーを使ったデザイン。裏面のマップにもブルーを使い、統一感とともに見やすさを考慮。

L'atelier de coquin
HANAKAGO

HANAKAGO
趣のある店名は、じつは店主の名前。冠にあるフランス語「L'atelier de coquin」とは、「いたずらっ子のアトリエ」という意味だとか。

近くのパン屋のショップカードはどんなものか、いろいろ集めて比べてみよう!

パンへの思い

ツナグベイク
8種類のパンの表情豊かな写真と、店名の基となった「つなぐ」という言葉でデザインをすっきりまとめた。

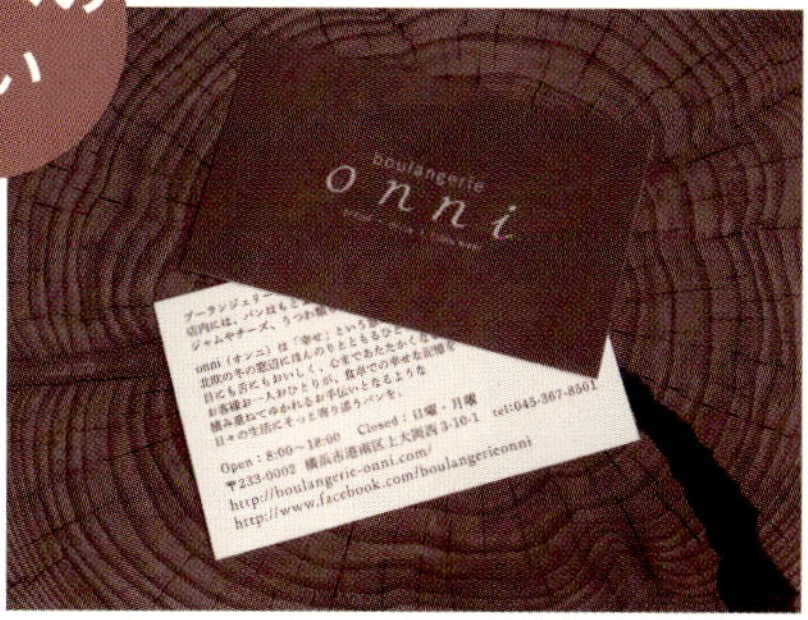

オンニ
裏面には店名の由来（フィンランド語で「幸せ」）と、「心まであたたかくなる温もりのあるパン」への思いが。

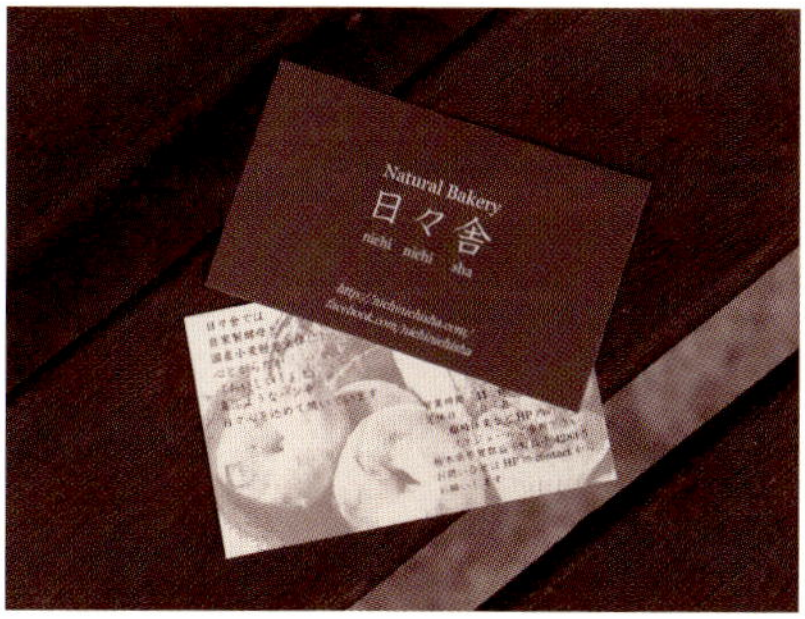

日々舎
同店をイメージさせる深い緑色と、裏には自家製酵母と国産小麦を主体にしたパンづくりへのモットーを謳う。

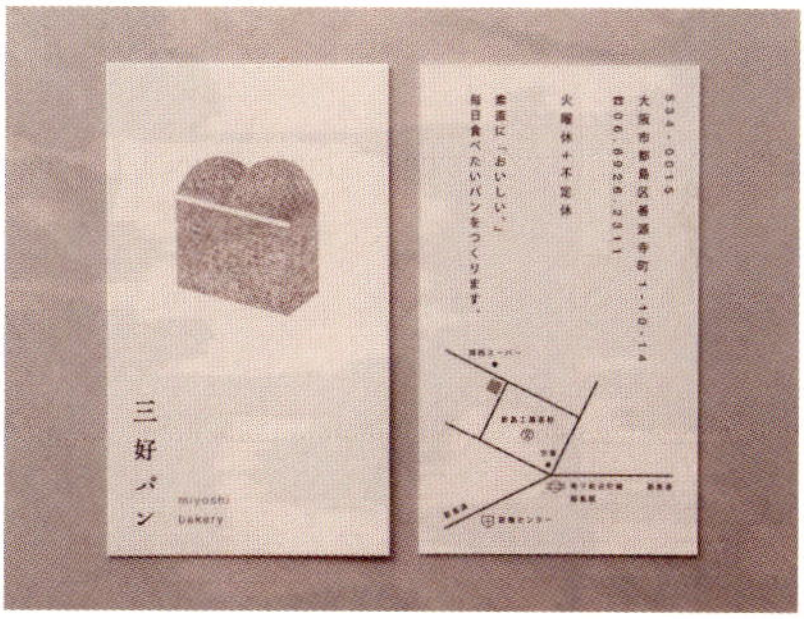

三好パン
表には山食をモチーフにした鉛筆描きのイラスト、裏には同店のコンセプトをさりげなく配している。

ポイント&回数券

ボネダンヌ
裏面はポイントカードを兼ね、500円単位で1つスタンプが押される。12ポイント貯まると300円引きに。

SONKA
2100円の回数券でフランスパン10本（2500円相当）が買える。

日本人の食生活と意識を知り コンセプト設計に生かそう

かつては子どものおやつや、
食間の空腹をまぎらすための
ちょっとした食べ物として人気を集めていたパン。
しかし、その意識は大きく変わってきている。

美味しいパンづくりとともに つくり手が頭に入れておきたいこと

日本人の主食の座はコメからパンへ……?

2011年、総務省の家計調査で2人以上の世帯のパンへの支出がはじめて、米への支出を上回り、パンは日本の主食としてしっかりと根付いていることが証明された。

その後、12~13年は数百円の差で米が上回ったが、14年には再びパンが4千円上回り、15~16年には約7千円と差を広げている。

家庭でも、ホームベーカリーの普及により、気軽にパンがつくれるようになっている。そのため大手メーカーや有名チェーンにとっても、家庭の味との差別化を図る動きが目立ってきている。小さなパン屋にとっては、まさに存在意義が問われる時代だ。

まず、前提になるのは美味しさだが、同時にいかに多様な人々の日常に幸せや喜びをもたらすかについても考えたい。たとえば、「お客さまの立場になった新しいメニューの開発をするお店」「パンを買いに来ること自体が楽しみになるお店」といったように、日常的な食べ物だからこそ、はじめてのお客さまにもわかりやすいお店の個性が必要になる。

食にかかわることの責任があることを忘れずに

コンセプトを考える際に気をつけたいのは、食の安全性やお客さまの健康に直接かかわる責任があることだ。お客さまにとって、どんな材料が使われ、どんなつくり方をしているのかはわかりにくいので、つくり手には高い意識が求められる。

　たとえばプライスカードに使用した材料名を明記したり、売り場から厨房が見えるようなレイアウトにしているのは、そんな意識の現れの一つと言える。ただパンを並べて売るだけでなく、お客さまに食べ方の提案をするなどのコミュニケーションも大切になってきている。

　こうした細やかな気配りがあってこそ、小さなパン屋の意義が問われるところ。大手メーカーのように大量の材料を輸入して添加剤を使うのと違い、一つひとつの材料を自分の目や舌で吟味しながらていねいにつくれる点が、多くのお客さまに喜ばれる理由になっている。

「健康で安全な食生活」を意識する人が増えているなか、出来上がったパンを自信をもっておすすめし、信頼されるパン屋になりたいもの。そのためには、食の3原則である「安全」「健康」「美味しさ」の三拍子が揃っていることが重要になる。

どんな食べ物を扱うお店でも、安心で健康なイメージは避けて通れなくなっている。それではパン屋の場合は……

パンづくりに必要な「食の３原則」

「安全」
・自家製酵母を起こしたり、つくりたいパンに合う国産小麦、米粉を仕入れる
・食物アレルギーやアトピーに悩む人が多いなかで、生地や具材に安全なものを使用する
・卵や乳製品を使用した商品は、プライスカードなどにわかりやすく記載する

「美味しさ」
・安全、健康であることを前提にしつつ、いかに美味しくつくるかが重要
・パンに合った料理や、ワインとの合わせ方などをお客さまにわかりやすく提案できること
・定番のハード系はどっしりした重みのある食感に、ソフト系はしっとりモチモチした食感にするなど、期待を裏切らない

「健康」
・有機栽培または低農薬栽培の野菜や果物などを使用し、説明書きを入れる
・雑穀やハーブ、スパイスなど、健康によいと注目される材料を積極的に使う
・あんパン、クリームパンなどは甘さを控えめにし、若い女性にもアピール

CHECK 06

食関連の展示会や専門紙誌、外食産業の最新トレンドをまとめた web サイトやブログなどで、新規店舗の出店状況や、新しい取り組みについても情報収集しよう。食べ物を扱うお店同士で情報交換するのも、一つの手だ。

お店のコンセプト設計の基本的な考え方

お店づくりの土台であるコンセプト。
それは、お店の目的や価値観などを示すものだ。
自分らしさを整理し、お店側とお客さま側の
双方の思いが交わるところを考えよう。

自分らしさを表現できるのはどのようなお店なのかをイメージ！

お店づくりはコアコンセプト設計から

小さなパン屋といっても開業するとなると、物件を契約し、内装工事をしたり、高価な設備・機材を仕入れたりと、初期投資もかなりの額になる。しかし、お店がオープンしてしまえば、そう簡単にやり直しはできない。そこで、開業後にブレないためのしっかりしたコンセプト設計がとても重要になる。

はじめに考えなければいけないのは、「コアコンセプト」。パンを通してお客さまに何を提供していきたいのかなど、お店の目的や価値観を示すものだ。たとえ同じパンを扱うお店でも、目的や価値観が違えば、お店の個性にも違いが生まれるのはいうまでもない。

コアコンセプトを考えるにあたっては、まず自分自身にどんな経歴があり、どんな仕事スタイルを求めているか、またどんな人脈があるかなど、一言でいえば「自分らしさ」を整理しておこう。なぜならばお店には必ず経営者の個性が反映されるものだからだ。自分らしさがないお店は決して長続きしない。

自分らしさが見えてきたら、その〈らしさ〉を、どのようなお店にすれば表現できるかを考える。お客さま側の視点に立つことも忘れずに吟味し、お店の目的と価値観を明確にすることだ。

お店をより具体化させるサブコンセプト

コアコンセプトを固めたら、次は

お店の立地や店舗デザイン、顧客ターゲット、メニュー構成、接客などについて「サブコンセプト」を考えていく。サブコンセプトとは、コアコンセプトを実現するための、各手段について方針を示すものだ。

たとえば、顧客コンセプトをはじめ、立地、店舗、メニュー、接客、価格といったサブコンセプトがあるが、なかでも重要なのが顧客コンセプト、つまりターゲット設定だ。

若い主婦なのか、仕事を持つ女性なのか、学生やフリーターなのかによってお金のゆとりも、生活スタイルも違ってくる。それに伴い、パンの品揃えや価格設定も変わってくるはずだ。そのため、ターゲット設定は詳細であればあるほどいい。

もちろんターゲットどおりのお客さまが来店してくれるとは限らないが、まずはターゲットにしたお客さまを確実にリピーターにすれば、徐々に売上げも伸びていくだろう。

下記の２つのテーマに沿って自分自身の棚卸しと、お店を具体的にイメージしてみよう。コアコンセプトが浮かび上がってくるはずだ。

コアコンセプトを考えるヒント

1. 自分の過去や性格を棚卸ししてみよう

〈考えるヒント〉

仕事
- □ どんな仕事を経験してきたか？
- □ どんなことで評価されてきたか？
- □ どんなことで失敗してきたか？
- □ コスト意識は高いほうか？

性格
- □ 周囲からどんな性格だと言われるか？
- □ 行動派か、慎重派か？
- □ 男性と女性、どちらの相手が得意か？
- □ 年代によって話しづらい相手はいるか？

スタイル
- □ 仲間でいるのと１人、どちらが気楽か？
- □ 仕事と自分の時間は分けたいほうか？
- □ 得意の話題や趣味は何か？
- □ あなたのパンに近いお店はどこか？

▼

あなたの得意は？

2. あなたの憧れのお店像を描いてみよう

〈考えるヒント〉

パン
- □ 定番の味重視か、季節限定や創作重視か？
- □ ハード系重視か、ソフト系重視か？
- □ 天然酵母・国産小麦重視か否か？
- □ 材料重視か、コスト重視か？

接客
- □ 販売担当スタッフがいるか？
- □ 対面販売か、セルフ方式か？
- □ 混雑したときの対応は大丈夫か？
- □ イートインの接客はできるか？

スタイル
- □ 地元客中心か、駅利用者重視か？
- □ 定休日は何曜日にするのか？
- □ １人でこなすのか、スタッフを雇うのか？
- □ 厨房を見せるレイアウトにするか？

▼

理想のお店は？

▼

コアコンセプト
自分が理想とするお店像に、あなたの得意・不得意を考え合わせて、どんなお店にしたいのか、その存在意義を言葉にしてみよう！

CHECK 07

コアコンセプトは必ずサブコンセプトを絞り込む前に固めること。コアコンセプトに沿ったかたちで、パンづくりや接客、内装までを考えていくと、全体に統一感が生まれ、結果としてブレのない個性的なお店となり、お客さまの印象にも残りやすい。

開業資金はいくら必要？ 自己資金の目安はどのくらい？

開業までに必要な設備等の資金と
開業後に必要な運転資金を漏れなく拾い出し、
自己資金との過不足を把握しよう。

開業資金には運転資金も含め ゆとりをもって見積もろう！

運転資金や予備費を資金計画に加えよう

一般にパン屋の開業資金の目安は1000万~2000万円前後といわれている。開業資金のおもな費目は左ページの図に示したとおりだが、なかでも運転資金は見積もりが甘くなりがちなので注意が必要だ。

運転資金には、毎月発生する家賃や仕入費用、光熱費、電話代などのほか、アルバイトの人件費やホームページやブログの開設に必要なプロバイダー料金なども含まれる。このほか、個人の社会保険料や地方税なども考慮しなければならない。

これらの見積もりが実際と月3万円違うだけで、年間36万円ものズレが生じる。予想外の〝利益〟で困ることはないが、予想外の〝支出〟はお店の存続にかかわる重大問題に。とくに開業当初の売上げは予測しにくいもの。そのため、最低でも3カ月から半年分くらいの費用を、運転資金としてあらかじめ資金計画に加えておきたい。お客さまが増えはじめたところで、資金ショートを起こして閉店に追い込まれてしまっては、悔やみ切れないだろう。

このほか可能であれば、不測の事態にそなえた予備費もできるだけ確保するようにしたい。居抜き物件でオーブンを譲り受けたところ、開店から1カ月もせずに故障ということもあり得ないわけではない。

自己資金は開業資金の3分の1は用意しよう

開業資金を見積もった結果、資金

■ 造作譲渡料

居抜き物件を借りる際に、設備などを譲り受ける対価として支払う費用のこと。厳密には、「造作」とは、ドアの枠や作り付けの収納などをさし、設備や備品は含まないが、現実の契約においては含めて使われていることが多い。

が足りない場合は、金融機関などからの借入れを検討することになる(100ページ参照)。

開業者向けの融資制度はいくつかあるが、自己資金の多寡が審査のチェックポイントの一つとなっていることが多い。なかには融資の上限額を「自己資金の3倍まで」と規定している制度もある。

なぜ、このような規定が設けられているのかというと、その程度の自己資金の蓄えもないということは、計画性のある開業ではないと判断されるのが理由の一つ。また、開業は名目で、別の借金の返済のための申請ではないかと疑われるからである。

そのため、仮に自己資金があっても、通帳の残高が急に増えているような場合はお金の出所を確認されることも多い。家族や親族から集めたお金であれば問題ないが、消費者金融や知人から借り入れたものである場合は、融資の成功は非常に厳しくなるだろう。

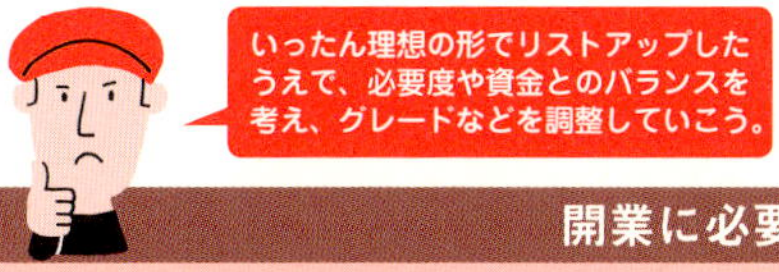
いったん理想の形でリストアップしたうえで、必要度や資金とのバランスを考え、グレードなどを調整していこう。

開業に必要なお金

物件取得関連費	□ 契約金(保証金、礼金など)　＿＿＿円	工事・設備関連費	□ 内外装費(他店を参考に)　＿＿＿円
	□ 不動産仲介手数料(通常家賃1カ月分)　＿＿＿円		□ 設備工事(電気、ガス、水道、空調など)　＿＿＿円
	□ 造作譲渡料(98ページの注釈参照)　＿＿＿円		□ 厨房機器(冷蔵庫、オーブン、フライヤーなど)　＿＿＿円
	□ 家賃(1カ月分)　＿＿＿円		□ そのほか機器　＿＿＿円
備品・消耗品費	□ 陳列棚　＿＿＿円	そのほか費用	□ 仕入(パンの材料)　＿＿＿円
	□ レジスター・パソコン　＿＿＿円		□ 各種制作費(ロゴ、ショップカードなど)　＿＿＿円
	□ 調理器具(コンロ、ミキサー、ボウルなど)　＿＿＿円		□ 広告宣伝費(チラシ、HP、SNSなど)　＿＿＿円
	□ 什器、消耗品費(トング、トレイ、袋など)　＿＿＿円		□ 運転資金(開業後3〜6カ月にかかる費用)　＿＿＿円

▶▶▶ 合計金額(＝必要な開業資金)は?:　　　円

CHECK 08

ゴールは「開業」ではなく、お店の経営を「成功」させることのはず。楽観的な資金計画で見切り発車しても、後で苦労するのは自分。現実を踏まえたうえで、削れるところは削ったり、借入れを検討したり、対処していこう!

開業資金の不足は公的な融資制度を利用しよう!

開業資金をすべて自己資金でまかなえる人は少数。
銀行など民間の金融機関から借り入れるには実績がないと難しい。
日本政策金融公庫などの金利の低い融資を利用して、
無理のない資金計画を立てよう。

担保なし・保証人なしで利用できる制度も!

日本政策金融公庫にまずは相談してみよう

開業に伴う融資でもっとも利用しやすいのが、日本政策金融公庫の融資制度。同機関は創業を支援する役割を担っているためだ。金利は制度の種類などによって異なるが、おおむね1~3%前後となっている。

パン屋向けの融資制度としては、「食品貸付」がある。くわしくは次ページの表のとおりだが、設備資金として最高7200万円まで融資を受けられる。返済期間は新規開業支援設備資金などの場合、20年以内で、担保または保証人が原則必要となる。

担保も保証人も用意できない人は、「新創業融資制度」を検討してみよう。無担保・無保証人で融資を受けることが可能だ。融資限度額は3000万円以内。前記の制度より利率は高めとなる。おもな要件は、「現在パン関連の企業に勤めており、同業種に通算して6年以上の勤務経験がある」「創業資金の10分の1以上の自己資金がある」ことなどだ。

このほかにも利用可能な制度として、女性もしくは35歳未満か55歳以上の人を対象とする「女性、若者/シニア起業家資金」などがある。

いずれの融資制度も、返済開始を猶予してくれる「据置期間」が設けられている(表参照)。資金繰りの厳しい開業当初のお店にとって、ありがたいシステムとなっている。

各地方自治体の制度融資を利用する手もある

各自治体にも開業時の資金として

■自治体の制度融資

地元の自治体によって制度の種類、数などはまちまちなので調べてみよう。自治体によっては利子の一部を負担してくれることもあるのがメリットだが、自治体、金融機関、信用保証協会の3者が協力して行う制度なので、融資実行まで時間がかかることも知っておきたい。

使える「制度融資」という各種の制度がある。申込者が借入れ条件を満たしているかを自治体がチェックし、面接を行ったうえで金融機関にあっせんしてくれる制度だ。

あっせんを受けた金融機関では融資内容を審査し、信用保証協会から保証が承諾されれば融資を受けることができる。

たとえば、東京都には「東京都中小企業制度融資」というさまざまな制度があり、なかでもパン屋や飲食店なら「創業融資」に注目したい。

融資限度額は２５００万円で、返済期間は運転資金が７年以内、設備資金が10年以内（据置期間は各１年）、金利は１・９～２・５％となっている（２０１７年４月現在）。

その他の詳細については東京都産業労働局ＨＰ（http://www.sangyo-rodo.metro.tokyo.jp/）などで確認すること。最寄りの区市などでも制度融資があるかもしれないので調べてみよう。

融資制度の詳細については、日本政策金融公庫のホームページ http://www.jfc.go.jp/ をチェック！

新規開業者が受給可能な国民生活事業の融資制度

	食品貸付	新創業融資制度	女性、若者／シニア起業家資金
対象	パン屋を営む人	①新たに事業をはじめる人、事業開始後税務申告を２期終えていない人 ②次のいずれかに該当する人 ・雇用創出を伴う事業またはサービス等に工夫を加え多様なニーズに対応する事業をはじめる ・現勤務先と同じ業種での起業で、現勤務先と同じ業種に通算して６年以上勤めている ③創業資金の10分の１以上の自己資金がある　など	女性または35歳未満か55歳以上の方 （新たに事業をはじめる、または事業開始後おおむね７年以内）
融資金の用途	創業または創業後の事業に必要な設備の取得	事業開始時または事業開始後に必要となる事業資金	事業開始時または事業開始後に必要となる事業資金
融資額	7200万円以内	3000万円以内 （うち運転資金1500万円以内）	7200万円以内 （うち運転資金4800万円以内）
返済期間（据置期間）	設備資金：新規開業の場合、20年以内（２年以内）	「食品貸付」などの融資制度を利用する場合の無担保・無保証人の特例措置。返済期間は各制度に準じる	設備資金：20年以内（２年以内） 運転資金：７年以内（２年以内）
利率	1.16～2.35%	2.36～2.95%	0.76～1.50%
担保・保証人	要	不要	要

※おもな内容を抜粋（利率等は平成29年7月12日現在）

CHECK 09

審査が面倒だからといって、手元のキャッシングカードなどを使って安易に資金を調達しないこと。通常、金利が１桁異なる。また、民間の金融機関を当たることも可能だが、しっかりした担保がないと、成功の確率は低い。

創業計画書のポイントを押さえ融資申請に成功しよう!

熱意だけでは、融資を引き出すことはできない。
いちばんのカギとなるのは、創業計画書の説得力！
どんな点に注意して作成すればいいのだろう。

融資担当者の立場になって返済可能な根拠をきちんと示そう

融資を認められる人はお店も成功する

前項で日本政策金融公庫の融資制度を紹介したが、実際に融資が下りる割合は10～20％前後といわれている。

狭き門に思えるかもしれないが、融資の審査を通過できないケースの多くは「利益が上がること」＝「返済能力のあること」を理論立てて説明できないためだという。

もちろん、計画はあくまで計画であって、実際に計画どおりに物事が運ぶわけではない。かといって、貸す側からすれば、儲けの根拠を示せない相手に、お金を貸すわけにはいかない。

同公庫の調査によれば、2011年に同公庫の融資を利用して開業した小売業のうち、15年末で約14・5％のお店が廃業している。国税庁が日本の全法人を対象に行った別の調査では、設立から5年後の存続率はわずか15％。同公庫の融資担当者の見る目はかなり確かだといえる。

では、そんな融資担当者は何を材料に返済能力を判断しているのだろうか。創業前ということは、まだ〝エアー店主〟の状態。あなたの返済能力は「創業計画書」とあなた自身の「信頼性」で量られることになる。

創業計画書と人柄で返済能力をアピール

創業計画書とは104ページのように、開業の動機や事業の経験、具体的な商品内容や事業の見通しなど

■ 保証人

債務者が返済不能になった場合に、債務者に代わって返済する義務を負う人のこと。通常の融資では、保証人に配偶者がなることはできないが、公的機関の扱う融資では、配偶者が働いていて、収入証明書があれば、認めてもらえるケースもある。

をまとめたもの。その内容からお店の〝儲ける能力〟が判断される。

とくにポイントとなるのは、次の3点。一つは「事業に対する経験」。言うまでもなく、経験のしっかりしている人ほど融資が下りやすい。

もう一つは「セールスポイント」。他店に比べて秀でているところは何か、そのアイデアは実現可能か、などについて審査される。「ｓｔｅｐ03 お店のコンセプトを考えよう」などを頼りに、お店が成功する根拠を記していこう。

そして、最後に「事業の見通し」。ここで大切なのは、前述のように〝根拠〟である。つい利益を大きく見せたくなりがちだが、シビアな予測のほうが、しっかりと考えている印象を与え、好感をもたれるだろう。

また、あなたの信頼性については、面談を通じて審査される。論理立てた話や、容姿などにも注意を払いたい。このほか、自己資金額や保証人の有無も信用を図る材料となる。

敷居が高く感じられるかもしれないが、相手はお金を貸すのが仕事。意外にフレンドリーなので、気軽に相談を！

融資の申し込みから決定までの流れ

01 最寄りの支店で相談
事前に電話か、支店の窓口まで足を運び、どの融資制度の利用が適しているかなど、気軽に相談してみよう。

一度の訪問で済むように、あらかじめ相談内容を整理しておこう！

▼

02 融資の申し込み
創業計画書や借入申込書など、必要書類を用意し、融資の申し込みを行おう。担保を付ける場合は登記簿謄本なども添付。

読み手に伝わるように、整合性、客観性に注意！

▼

03 面談・審査
後日、提出した創業計画書をもとに、事業内容の詳細が確認される。この際、補完する資料などがあれば、持参するとよい。

おどおどしないこと。誠実に自信をもって質問に答えよう。

▼

04 融資の決定
審査に通ると、契約に必要な書類が送られてくるので、手続きを行う。申し込みから融資の実行まで1カ月前後が目安。

儲けが把握しやすいように、お店の口座と融資の口座は別にしよう。

CHECK 10

計画自体に無理や見落としている点がないかを精査する意味でも、創業計画書の作成には意味がある。融資担当者から厳しい指摘を受けることもあるかもしれないが、それらの解決が結果的に開業後のリスクを軽減することになる。

創　業　計　画　書

お名前＿＿＿＿＿＿＿＿＿＿

・この書類は、ご面談にかかる時間を短縮するために活用させていただきます。お手数ですが、ご協力のほどよろしくお願いいたします。
　なお、本書類はお返しできませんので、あらかじめご了承ください。
・お手数ですが、可能な範囲でご記入いただき、借入申込書に添えてご提出ください。
・この書類に代えて、お客様ご自身が作成された計画書をご提出いただいても結構です。

1　創業の動機・事業の経験等

〔平成 ○ 年 ○ 月 ○ 日作成〕

業　種	小売業（パン店）	創業（予定）時期	平成　　年　月　日
創業されるのは、どのような目的、動機からですか？	・パン店での開業をめざし、7年前よりこの業界に転職。現勤務先のバックアップにより、仕入先を紹介してもらったり、古い機器を譲り受けたりするなど、開業の見通しが立ったため。 ・ターゲットとしている層が集まるエリアに格安の物件が見つかったため。		
過去にご自分で事業を経営していたことはありますか。	☑ 事業を経営していたことはない。 □ 事業を経営していたことがあり、現在もその事業を続けている。 □ 事業を経営していたことがあるが、既にその事業をやめている。 ⇒やめた時期：　年　月		

熱意だけでなく、事業の見通しが立った具体的理由も書こう！

	年月	略歴・沿革
この事業の経験はありますか。（お勤め先、勤務年数など創業に至るまでのご経歴）	平成○年○月～	デザイン会社に8年勤務（アートディレクターまで務める）
	平成○年○月～	インドカレー店「○○○」に4年間勤務（最後は店長代理を務める）
	平成○年○月～	パン店「○○○」でスタッフとして働く（退社予定）
	㊒（　調理師免許　）・　特に無し	

重視されるポイント。別途「職務経歴書」を添付するのがベター。パン業界が未経験の場合は、パン店の開業セミナーを受講したなど、十分な知識や技術があることを具体的に示すようにする。

2　取扱商品・サービス

お取り扱いの商品・サービスを具体的にお書きください。	① スパイスにこだわった独自のカレーパン3種　（売上シェア　30%） ② そのほかフランスパン、メロンパンなど一般的なパン　（売上シェア　70%） ③
セールスポイントは何ですか。	・インドカレー店での経験を生かした、他店にないスパイス重視のカレーパン ・近隣の高校2校の駅までの徒歩ルートに位置し、一般的なパン店の需要に加え、お腹をすかせた部活帰りの子どもたちからのカレーパンの需要が大幅に見込める

ある程度、品揃えや単価が決まっている場合は一覧表を作成し、添付するとよい。その際、売上予測などとの整合性に注意。

お客さまの視点に立ったセールスポイントを記入

3　取引先・取引条件

	取引先名（所在地等）	シェア	掛取引の割合	回収・支払の条件	取引先名（所在地等）	シェア	掛取引の割合	回収・支払の条件
販売先	近隣の主婦および○○駅を利用する高校生	%	%	即 日〆 日回収		%	%	日〆
販売先				日〆 日回収		%	%	日回収
仕入先	株式会社○○○（現勤務先の仕入先）	%	%	月末翌 日〆 日支払		%	%	日〆
仕入先		%	%	日〆 日支払		%	%	日回収
外注先		%	%	日〆 日支払		%	%	日〆
外注先		%	%	日〆 日支払		%	%	日回収

個人客中心の場合は、ターゲット層を記入

契約書がある場合は添付。予定の場合は「予定」と記入

従業員等		人 （　人） 人	人件費の支払	日〆　日支払 ボーナスの支給月　月、　月

4　必要な資金と調達の方法

平成　○　年　○　月　○　日　　作成

	必要な資金	金額	調達の方法	金額
設備資金	店舗、工場、機械、備品、車両など	1570万円	自己資金	800万円
	（内訳）		親、兄弟、知人、友人等からの借入 （内訳・返済方法） 父 元金2.5万円×100回（無利息）	250万円
	・店舗内外装工事 （○○社の見積書のとおり）	700		
	・厨房機器 （○○社の見積書のとおり）	600		
	・什器・備品類 （○○社の見積書のとおり）	150		
	・保証金	120	日本政策金融公庫からの借入 元金10万円×70回（年利○．○%）	700万円
運転資金	商品仕入、経費支払資金など	180万円	他の金融機関等からの借入 （内訳・返済方法）	0万円
	（内訳） ・仕入 ・広告費等諸経費支払	 100 80		
合計		1750万円	合計	1750万円

設備関連の費用については、商品名など詳細な内容のわかる見積書やカタログも添付する

運転資金はおよそ3～6カ月分を見積もる

合計金額は左欄と右欄で必ず一致させる

5　事業の見通し（月平均）

		創業当初	軌道に乗った後（○年○月頃）	売上高、売上原価（仕入高）、経費の根拠
売上高①		60万円	80万円	〈創業当初〉 ①売上高（日曜定休） ファミリー層＝客単価（500円）×30人×24日＝36万円 高校生＝客単価（200円）×50人×24日＝24万円 ②原価率　20%（現勤務先のデータから） ③人件費 専従者（妻）1人：10万円 ◎家賃：15万円 ◎支払利息：700万円×年利○．○%÷12カ月＝2万円 ◎その他（光熱費、宣伝広告費など）：5万円 〈軌道に乗った後〉 ①創業当初の約1.5倍（現勤務先の経験から予測） ②当初の原価率を採用 ③その他（光熱費、宣伝広告費など） 売上の増加に伴い、光熱費がUP。また新商品の開発費用などの増加を見込んでプラス5万円とした。
売上原価②（仕入高）		12万円	16万円	
経費	人件費（注）	10万円	10万円	
	家賃	15万円	15万円	
	支払利息	2万円	2万円	
	その他	5万円	10万円	
	合計③	32万円	37万円	
利益①－②－③		16万円	27万円	（注）個人営業の場合、事業主の分は含めません。

通常、売上高×原価率で求める

支払利息（月間）は借入金×年利率÷12カ月で算出する

借入金の返済額、個人営業の場合の事業主の取り分（人件費）はここから支払われる

ほかに参考となる資料がございましたら、計画書に添えてご提出下さい。（日本政策金融公庫　国民生活事業）

お店のメインアイテムを中心に商品のラインナップを決めよう!

コンセプトに沿ってどんなメニューを揃えるかで、お店のイメージと、売れ行きが左右される。個性を打ち出しながら、ニーズや原価も考慮して、お客さまによろこばれる品揃えを考えよう。

お客さまが買いたくなるパンのラインナップの考え方

基本コンセプトを軸にニーズを考慮しよう

パン屋を訪れるお客さまは、そのお店の品揃えによって購買意欲をそそられる。欲しいと思われるパンをたくさん揃えているお店が、繁盛店なのだ。自分のつくりたいもの、得意なものだけをつくっていればよいわけではない。

たとえば、毎日食べても飽きない、惣菜と組み合わせて食事にできる低価格のパン、お使い物にもできる焼き菓子など、品揃えを充実させておく必要がある。

まずはお店のコンセプトに合ったメインアイテムを決めよう。たとえば子どもに喜んでもらいたいなら、デニッシュや菓子パンを充実させること。得意なもので商品全体の40～50%を占めるようにすると、お客さまから見てもお店の特徴は明らかで、他店との差別化が図れるだろう。

しかし、自分がつくりたいものがお客さまに受け入れられるとは限らない。そんなときは基本コンセプトを軸に、お客さまのニーズを汲むことも大切になる。

また、いつ行っても同じパンしかないお店は新鮮味がない。お客さまに楽しんでいただくため、創意工夫して自分自身の技術をさらに向上させるためにも、定番メニューのほかに、季節のメニューも用意しよう。

商品の種類はどれくらい必要？

お店の個性を出し、他店との差別化を図るために、メニューのなかの

■季節のメニュー

日常使いしてくれるお客さまを飽きさせないように、たとえ1品だけでも毎日違うものを提供したい。そこから会話も生まれる。旬の野菜や果物を生地に巻き込んでみたり、具材にしてみたり。その季節が巡って来るのを、楽しみにしてくれるような商品を考えよう。

1商品のバリエーションを増やすとする。その場合、最低でも7種類は必要だ。5種類では標準的な品揃えだが、7種類になると豊富な印象が出てくる。

たとえば、あんパンやデニッシュがそれぞれ7種類以上あれば、お店がそのパンを特化していることがお客さまにも一目瞭然。種類が多いと、買い物の楽しさも演出できる。

住宅街に位置し、お客さまのほとんどが近隣住民のリピーターというお店では、約50種類を用意。毎朝、家族で食べてもらいたいハード系が3割を占め、そのほかは子ども向けの菓子パン系、ペストリー系、焼き菓子系がそれぞれ2割あり、サンドイッチ系も1割の品揃え。

また、ハード系のパン屋さんが少ない地域で、30種類の商品のうち、ハード系を10種類提供しているお店もある。いずれのお店も、立地と客層、ニーズ、コンセプトをうまく組み合わせた品揃えをしている。

人気のパン屋は豊富な種類のパンとともに、何か看板商品があるはず。自分の出したいお店のコンセプトを考えながらどんなパンを出すか考えよう。

メニュー構成する際の３つのポイント

コンセプト

- 「自分のつくりたいパンは○○」「お客さまに○○の美味しさを伝えたい」「○○にこだわったお店にしたい」といった具体的な要素を考える。
- 自分がつくりたい理想のお店に近いパン屋さんがあるなら、商品の品揃えを参考にするのもいい。

ニーズ

- 立地や客層、季節、時間などを考慮し、何が売れるのかを考える。
- お客さまの視点に立ち競合店や話題のお店に出かけ、繁盛している理由を肌で感じよう。ブームを追いかける必要はないが、社会的なニーズや流行も忘れてはならない。

原価

- 原価率を計算し、利益が高く販売個数が期待できるものと、利益は低いが素材にこだわったものをバランスよく配置する。
- 高級な素材を使って価格が高くなっても、日常食であるパンの場合、手を出しにくくなるので注意が必要。商品の価格が、高すぎても安すぎても売上げにつながらない。

CHECK 11

パンは日常食なので、あまり値段が高すぎては敬遠されてしまう。原価と利益を考えてバランスよく構成し、普段使いしてもらえるお店をめざそう。

お店の〈顔〉になり毎日食べられる飽きない商品で来店を促そう

商品に個性のないお店では、なんの魅力もなく、
お客さまのリピートは見込めない。
キーポイントは、お店の看板商品があるかないか。
食パンを例にして、看板商品のつくり方を紹介しよう。

日常的にお客さまの食卓に上る看板商品をつくろう

パン消費の約3割を占める食パンで固定客を掴む

コンビニやスーパー、量販店との競争が激しいパン市場では、小さなパン屋にとって品揃えでは太刀打ちできない。それに対抗するには、専門性があり、お店の顔になる商品が大切になってくる。

そこで、「あのお店の○○が食べたい」とお客さまに思ってもらえるような看板商品があれば、それが来店動機になり、安定したリピートに繋がるはず。

2016年の1世帯あたりのパンの消費金額は、年間で3万294円。そのうちの約29%を占めるのが食パン類で、8904円。菓子パンや調理パンなどは、嗜好性があり毎日食べたいと思われるものではない。

しかし、毎朝食卓に上ることも考えられる食パンは、とくにお客さまをリピートさせられるパンといえる。消費金額の多いこの食パンを大量に売ることができれば、固定客に支えられた、繁盛店になることも夢ではないだろう。

毎日パンを食べる人はどれくらいいる？

お客さまにお店を日常使いしてもらうのが理想だが、毎日パンを食べている人は実際どれくらいいるのか気になるところ。

ネットリサーチのマイボイスコムが2016年に行った「パン屋・ベーカリーショップ」に関する調査によると、ベーカリー（店内でパンを焼いて販売する専門店）でパンを購

入するという人は8割弱。週1回以上購入する人は2割強で、女性50代以上では3割強となっている。

もっともよく利用するベーカリーの場所では、「スーパー、ショッピングセンター、百貨店内にある店舗」が58・7％、「路面店」が27・4％。10～20代では「駅構内にある店舗」の比率が高くなる傾向にある。

また、ベーカリーでパンを購入する理由としては、5ページでも紹介したように、「味がよい」（72・8％）のほかに「焼き立て」「品数が豊富」「品質がよい」「香りがよい」などが上位に挙げられている。

自店の食パンは、お客さまの視点に立ち、実際に毎日食べてみること。焼き上がった当日、2日め、3日めの味・食感がどのように変化するのかを客観的に把握しておくことも忘れずに。

最初につくった味に固執せず、柔軟に、毎年味の見直しも検討しよう。

食パンは日常的に食卓に上るパンだけに、お客さまへの細かなサービスも欠かせない。一般にどんなものがあるか、まとめてみよう。

食パンを看板商品にする７つのポイント

1 自信をもって提供できる食パンをつくる

2 １日に３回以上焼き上げ、焼き上がり時間をボードで表示する

3 １つのアイテムを複数種以上（１本、２分の１本、４・５・６枚にスライスしたもの、２枚売りなど）に分けて販売する

4 目を惹く POP をつくり、食パン専用のコーナーに陳列する

5 個別対応のスライスサービスを行う

6 お客さまへの試食を実施する

7 前日の商品は販売しない

CHECK 12

食パンといっても、天然酵母と国産小麦粉を使ったもの、イーストを使うものや長時間発酵しているものなど、さまざまな製造法がある。人気店のパンを参考にどんなパンにするか考えてみよう。

求められるのは「焼き立て」そして「手づくり」のパン

お店の雰囲気や接客がいくらよくても、
まずは商品自体に魅力がなくてははじまらない。
集客力を左右する商品の特性を高め、
お客さまが何度も行きたくなるお店をつくろう。

人気パンの商品特性を高めて集客力のあるメニューにしよう

集客に求められる2つの商品特性

お客さまが求めているのは、まずホカホカの焼き立てパン。購入してすぐ食べなくても、たとえそれが明日の朝食べるものだとしても、そのときに一番新鮮な商品がほしいと思うもの。来店ピークに合わせて焼き上げ時間を調整し、品出ししたい。

次にお客さまが個人店に求めるものは、手づくりの安心感。すべてのパンをオールスクラッチ製法（下記参照）にして、当日、粉から仕込んだ生地を焼いて、その日のうちに販売。前日のパンは絶対販売しないことが基本。

お店の品揃えは、お値打ち感のある商品が揃っていることが大事。たとえば、生地だけのプレーンなパンの場合は、焼成前で1個150グラム以上。具材の量は、全体の半分が目安。これらがすべて手づくりで焼き立てとなれば、さらにお値打ち感は高まるだろう。

お客さまの気に入ってくれたパンが、いつも並んでいてこそ安定したリピートにつながる。人気商品は、つねに店頭にあることが基本だ。

せっかくオールスクラッチ製法にしたなら、パンの中の具材が問屋から仕入れた既製品のものでは、他店と差別化できない。自家製にこだわり、具材も手づくりしているお店は少なくない。

パンの具材で加えるお店のオリジナリティ

街のカジュアルなパン屋の場合、

■オールスクラッチ製法

お店でパン生地の製造から販売まですべて行うこと。粉や水の配合からはじまり、発酵、成形、焼成まで一貫して行うので長時間を要するが、冷凍生地には出せない食感と香りがある。

売れ筋のパンの例を挙げると、食パン、あんパン、メロンパン、カレーパン、クリームパンなどだ。誰しもがそれを選べば間違いないと思っている、昔からある定番のパンともいえる。

　これらの商品のうち具材が入っているものは、その具材で他店との差別化を図ろう。具体的には、あん、カレー、カスタードクリームだ。

　2日に1度の割合で、自分が美味しいと思う固さ、甘さのあんを炊き上げよう。カスタードクリームも、同様に毎日つくる。カレーは、厳選した肉や野菜を入れて、毎日もしくは2日に1度つくる。

　仕入れた具材を使う方が、はるかに楽だが、それでは他店と変わらない。手づくりすると、オリジナリティを出せるだけでなく、手間をかけたぶんだけ、自分で本当に美味しいと思えるものを、自信をもってお客さまに提供できるはずだ。

いくら美味しいパンでも店頭に並べておくだけでは売れるものも売れない。お客さまに「食べてみたい」と思わせる工夫が欠かせない。

集客力のある商品特性

1　焼き立て

・焼き上がり時間を示す
・焼き立ての香りで購買意欲を刺激する
・来店ピーク時に合わせた品出し

2　製法の特化

・オールスクラッチ
・その日仕込んだものを、その日に売り切る

3　手づくり

・自家製の具材
・季節の果物、野菜を使う

4　看板商品は食パン系

・種類が豊富
・焼き上げ回数を多くする

5　お値打ち感のある商品

・具材の量を多くする
・ボリュームを感じさせる

CHECK 13

人気のあるパン屋のショーウインドーや棚、店内のPOPは見るだけでも楽しくなる工夫に満ちている。少しでも美味しい状態のパンを食べてもらおうと、焼き上がり時間も分けているから活気もあるはず。

サブメニューをつくるなら おすすめは焼き菓子＆スイーツ

パン以外でも売上げをつくれるメニューがあれば、
それがお店の個性や安定した収益につながる。
パンより製造に手間がかからず、
日もちのする商品を考えていこう。

ちょっとした楽しさを演出し手軽に買える商品を

常温保存ができて手土産になるもの

パンにとどまらず、おやつや手土産にもなる、焼き菓子やスイーツをメニューに加えるのも、売上げを伸ばすひとつの手だ。

たとえば菓子パンやデニッシュがそれに当てはまる。その場合は、パンと一線を画した高価格に設定し、特別感を出す必要がある。パン生地以外で、おやつ商品をつくることも考えてみよう。

たとえば、クッキーやパウンドケーキ、マフィン、ブラウニー、パイなど。お菓子づくりのほうが、生地を発酵させたり成形しなくてもいいぶん、パンをつくるより簡単かもしれない。にもかかわらず、1個あたりの単価がパンよりも高いことはよくある。そのうえ、焼き菓子は日もちがするのも嬉しい点。可愛らしいカゴやボックス、器に入れてディスプレイしておけば、売り場も華やかになり、お客さまの目を楽しませる。

焼き菓子やスイーツも品揃えに加えるのであれば、冷蔵ケースの不要なものを。要冷蔵の商品を扱うと、余分にショーケースの光熱費が発生し、お持ち帰り用の保冷剤を用意する必要も。焼き菓子とスイーツはあくまでサブメニューだと考え、常温保存できる商品に絞りたい。

焼き菓子とスイーツは、パンのように毎日食べるものではないが、ケーキほど非日常の特別な位置づけのものでもない。ちょっとした楽しさや、幸せなひとときを感じてもらえるものが、パン屋で提供する商品と

■ 常温保存

消費者の常温保存に対する理解はさまざまで、個人差がある。そのため、「直射日光を避け、常温で保存」「高温多湿を避け、常温で保存」などの具体的な方法を記載し、必要に応じてわかりやすい表示を心がけよう。

しては適当だろう。

商品を輝かせるラッピングテクニック

お店の商品を、手土産や贈り物に使ってもらいたいなら、ラッピング資材の用意が必要だ。

カゴやボックス、リボン、包装紙、シール、メッセージカードなどは、どれも専門店でまとめて購入できるが、すべて市販のものでは味気ない。パソコンでお店オリジナルのシールをデザインして、市販されているシール用紙にプリントするなど、さりげない部分でセンスを光らせるなど工夫したい。

ラッピングに自信のない人は、お店のオープン前に、ラッピングテクニックも習得しておくといいだろう。本を見ながら独学でもいいが、資材メーカーが開催する単発のラッピング教室もあるので、プロから学ぶのも上達の近道だ。

ケーキ店のような品揃えは無理にしても、自信をもって提供できるものに絞り、お客さまの目を惹くディスプレイを考えたい。

サブメニューで人気の焼き菓子＆スイーツ（例）

たとえば……

- クッキー
- ラスク
- マドレーヌ
- フィナンシェ
- パウンドケーキ
- マフィン
- ブラウニー
- パイ
- タルト

⋮

★日持ちのするラスクが人気！

ラスクはシナモン、サラダ味、抹茶など、味付けに変化をつけやすいのもメリット。（オンニ）

ビスコッティ、レモンケーキ、スコーンなどはレジ横のちょっとした空間に。（コメット）

1個から気軽に買えるので、味見してみたい気にさせる。また「お土産におすすめ」などの提案をするのも効果的。（わざわざ）

ポイント

小麦粉、卵、牛乳、バター、生クリーム、砂糖など、パンの材料は、焼き菓子＆スイーツにも転用できる。サブメニュー用に、新たな仕入れをなるべくしなくても済む商品を、自分のお店の材料を見ながら考えよう。

CHECK 14

住宅地に出店することも多いパン屋では、子ども連れの若い母親が訪れることも多い。パンと同じように、卵や乳製品を使わないという選択が必要になることも。焼き菓子は自分の好きな専門店から仕入れるお店もある。

仕入れ業者はどうやって探して交渉はどうすればいいの?

コネやツールを最大限に活用して、
自分に合った業者を見つけよう。
お互い納得できる条件で契約するためには、
交渉の際にとことん話し合うことが大切。

食材の仕入れ方のいろいろな方法について

伝手、ネットや〈自分の足〉手段を駆使して探す

仕入れの必要なおもなものは、基本素材の小麦粉、卵、牛乳、砂糖やバターなど。素材にこだわるなら、塩や水も重要なアイテム。季節のメニューやサンドイッチ系もつくるのであれば、フルーツや野菜も慎重に選びたい。どうやってそれらの仕入れ先を探せばいいのだろうか。

どこかのお店で修業した経験があれば、オーナーに相談して、そのお店が取り引きしていた業者と契約するのが一番いいだろう。自分がかつて使っていた素材なら、味はすでに確認済み。顔見知りの業者なら、ある程度の融通も利くかもしれない。

また、お気に入りのお店があれば、そこのオーナーに聞いてみる手もある。何度か通って顔見知りになれば、紹介してもらえる可能性もある。

そうした伝手がない場合のもっとも手軽な方法が、インターネットで調べるやり方だ。近所から全国各地にいたるまで、生産農家、卸業者、小売業者まで、多くの情報が手に入る。気になった業者があれば、電話やメールで問い合わせてみよう。

物産展やフードショーを見て回るのも、情報収集にはいい方法だ。こうしたイベントには、全国の生産者が自信のある商品を出品しているので、良質のものが集まっている。わざわざ産地まで出向かなくても、直接チェックできるのが利点だ。

納得のいくまでとことん話し合う

■国産の小麦粉

国産の小麦粉でも、無農薬・有機栽培か確認したい。さらに栽培地、元肥、添加物、農薬散布、除草剤などについても調べることが必要。最近は一部の国産小麦粉は人気が高く、特別な仕入れルートがない限り、入手困難な状況が続いている。

材料の仕入れは、希望に近い値段で安全なものを選びたいもの。率直な意見を伝え、よりよい条件で契約を結ぶようにしたい。そのために必要なポイントがいくつかある。

まず、必ず複数の業者から見積もりをとること。商品の相場やよい条件を知ることができる。

気になる商品があれば、必ずチェックしよう。評判がよくても、自分の商品に合うとは限らない。できれば相手先まで出向き、どんな出荷をしているかを見学できれば、衛生・安全面でも納得することができる。その時間がなければ届けてもらい、自分の目と舌で確かめて選ぶことが大切だ。

契約交渉は、相手の意見も聞いて、とことん話し合うこと。自分を押しとおして契約しても、後々関係が悪くなっては、その後の取り引きに悪影響が出かねない。お互いが納得できる契約を結ぶことが重要だ。

美味しいパンを提供するためには、よい材料と仕入先の協力が欠かせない。長い付き合いになるだけに慎重に選びたい。

仕入れについての基本

◆仕入れ業者の選定と交渉の流れ

1 気になった業者をピックアップ

１つの商品に対し、５～10店をピックアップ。インターネットや電話で、商品や仕入れの状況などをチェックする。

2 サンプルをチェック

気になる商品のサンプルを送ってもらう。納得できるものがなければ、妥協せず業者の選定からやり直す。

3 業者を絞り込む

値段や数量だけでなく、配送日、変更や返品対応なども考慮して、よりよい業者３～４店に絞ってアプローチする。

4 交渉開始

値段や数量、配送希望日など、自分の希望を伝える。よい関係を築くためにも、お互いが納得できるまで話し合う。

◆これだけは欠かせない！　交渉ポイント

複数業社から見積もりをとる

数社を比較することで、値段、数量、仕入れサイクル、商品の相場を知ることができる。よりよい条件の業者を見つけるためには、評判なども合わせてチェックしよう。

実物を確認

評判がよくても、自分の希望に合うものかどうかはわからない。必ずサンプルをもらって、自分の目でしっかりチェックしよう。

値段・支払い

大量発注や仕入れ回数を増やしたりして、値段を抑える工夫も必要。支払い方法や期日などは、トラブルがないようにしっかり確認しよう。

仕入れ日・返品

仕入れ日の変更や返品などに対応してくれるところが望ましい。

CHECK 15

小麦粉、卵、牛乳などは生産者から直接仕入れるか、卸業者または市場などから仕入れる。スーパーなどは在庫が不安定なので避けたほうがいい。フルーツなど季節メニュー、サンドイッチの具材は市場やスーパーなどで、新鮮なものを。

商品に見合った最適な価格を決めよう

商品の価格が高すぎても、安すぎても、
売上げにつながらない。
価格設定するときに大切なポイントは、
商品に見合った価格であることだ。

お客さまが買いたくなる！納得できる価格であることが大事

価格設定の目安は原価率30〜40％

自分のお店の商品なので、思いどおりの価格をつけることができるからといって、利益を上げるために、単純に価格を高くすればいいものでもない。

その反対に、いいものを安くして売上げを伸ばそうとしては、すぐに経営が立ち行かなくなってしまう。安定した経営をしていくためには、価格は高すぎても安すぎてもいけないのである。また、思いつきで自分の好きなように決めていいものでもない。

では、商品の価格はどうやって決めていけばいいのだろうか？　価格を決めるうえで一番の基本となるのは、原価率だ。これを無視して価格を決めることはできない。原価率が低ければ低いほど利益は上がるが、一般的には30〜40％が目安といわれている。30〜40％に収まっていることが理想だが、もちろんすべての商品をこの原価率にする必要はない。

小麦粉・酵母・水・塩の必要最小限の材料だけでつくられるものは、原価率が低く利益は上がる。しかし、商品のなかには季節のフルーツや野菜を使った、原価率の高いものも当然ある。フルーツなどを多く使ったものを、原価率を単純に価格に反映させると、高価なパンになってしまいかねない。

実際には、これら原価率の低いものと高いものをうまく組み合わせて、トータルで30〜40％をキープできればいいのだ。

■ 原価率

商品の材料費を原価といい、値段に対して原価が占める割合を原価率という。100円のあんパンをつくる材料費が30円なら原価率は30%。注意しなければならないのは、在庫や廃棄分の値段は含まれず、無駄が出るだけ利益は少なくなり、実質の原価率はもっと高くなってしまう。

商品に見合った価格であること

基本である原価率を踏まえたうえで、お客さまがどんなものを求めているのか、ニーズを考えることも大切なポイントだ。

たとえば、高級素材を使っていたり、通常より製造にひと手間もふた手間もかかっている商品だとわかれば、多少値段が高くても、お客さまは納得して購入してくれる。利益を減らしてその限界まで値段を下げれば、より多くの数を売ることができるかもしれない。

どちらがいいとは一概にはいえない。肝心なのは、値段を決める自分自身ではなく、あくまでお客さまが適正だと感じる値段であることだ。商品に見合った適正な値段をつければ、ほとんどのお客さまは納得してくれる。

商品の相場やお客さまのニーズ、お店のコンセプトと照らし合わせて、最適な価格を設定しよう。

何よりも大切なのは、お客さまの立場になっての価格設定だ。そのために必要な３つの要素をまとめてみよう。

価格設定に必要な３要素

コンセプト

立地・ターゲットは、学生相手の学生街か、主婦相手の住宅街か。どこで、誰に、どんなものを提供したいのか、自分のめざすお店がどういうものかを考えれば、どんな価格で販売したいかもおのずと見えてくる。

相場

コンセプトやメニューが似ている競合店の相場に合わせるのが一般的なやり方だが、それでは他店との差別化が難しい。また、相場を気にしていては原価率が上がってしまうことも、もちろんその逆もある。あくまで一つの目安として、参考程度に考えることが大事だ。

ニーズ

たとえばオフィス街で、朝食やランチになるサンドイッチ系ではなく甘いおやつ系の商品ばかりを扱ったら、売れないことは予想できる。お客さまがどんな商品を求めているのかを把握することで、どれくらいの価格にすればいいのかがわかってくる。

原価率を知ろう！

一つの商品をつくるのに、材料費はいくらかかっているのか。原価率をきちんと計算し把握することが、赤字にならない価格を決める近道だ。原価率がわかったら、上の３要素も考慮して、お客さまに納得してもらえる価格を設定しよう。

CHECK 16

若い女性向けなどターゲットが明確なサービス商品や、提供目的がはっきりしている商品は、お客さまの立場になって価格を設定する。お客さまのハートをつかむお手ごろ、お値打ち商品も必要だ。

比べてみよう!

見やすくわかりやすいプライスカード

パンの価格を見やすくわかりやすく
お客さまに伝えるだけでなく、
イラストを入れたり、色を変える工夫など、
プライスカードにもお店の個性が表れている。

レシピ&味

ツナグベイク
パンの手前に置いたり、棚にテープで貼っているだけだが、手書き文字がつくり手のパンに対する愛情を感じさせる。

日々舎
とくに注目してほしい商品なら、見せ方にもひと工夫。立体的に掲示することで注目度もアップ。

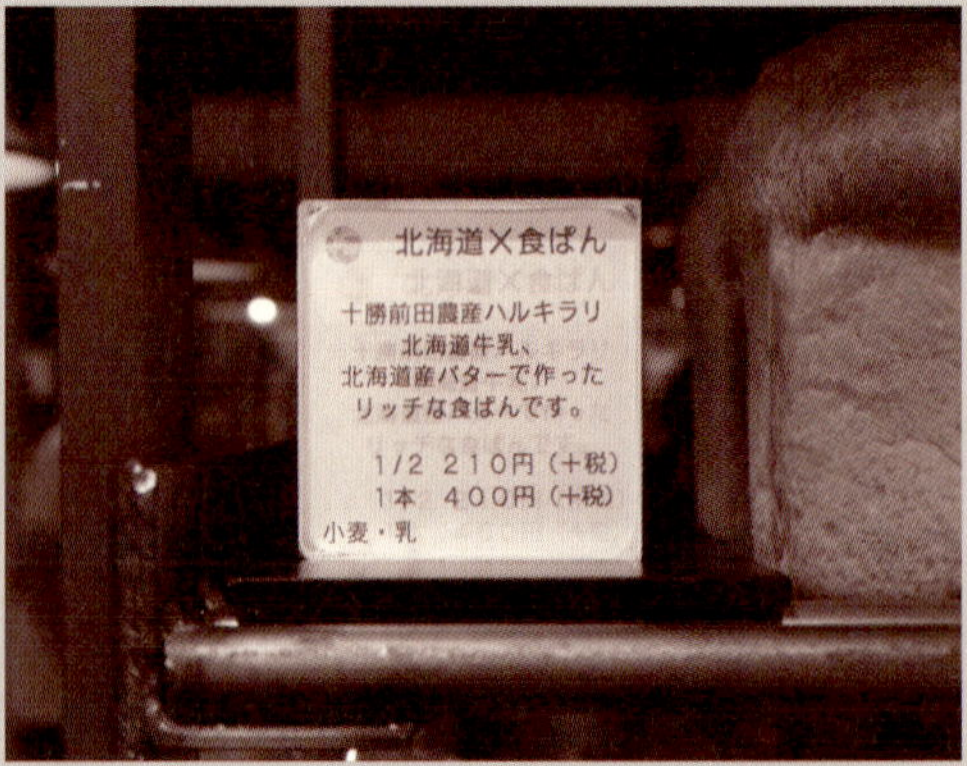

365日
アクリル板に既成のフォントを使って、分かりやすさを重視したカード。お店では整然と美しく並べられている。

食べ方提案

わざわざ
パンを買いなれていないお客さまには、「くせがない」という簡単なひと言で、買ってみようかという気にさせる。

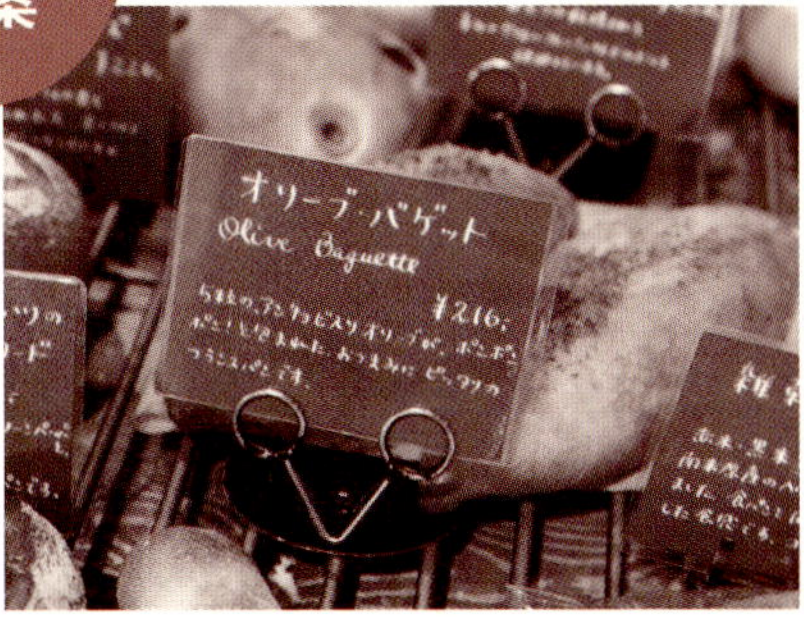

オンニ
どんなパンなのかをわかりやすく紹介すると同時に、こんな食べ方をすると美味しいという情報を。

シンプル

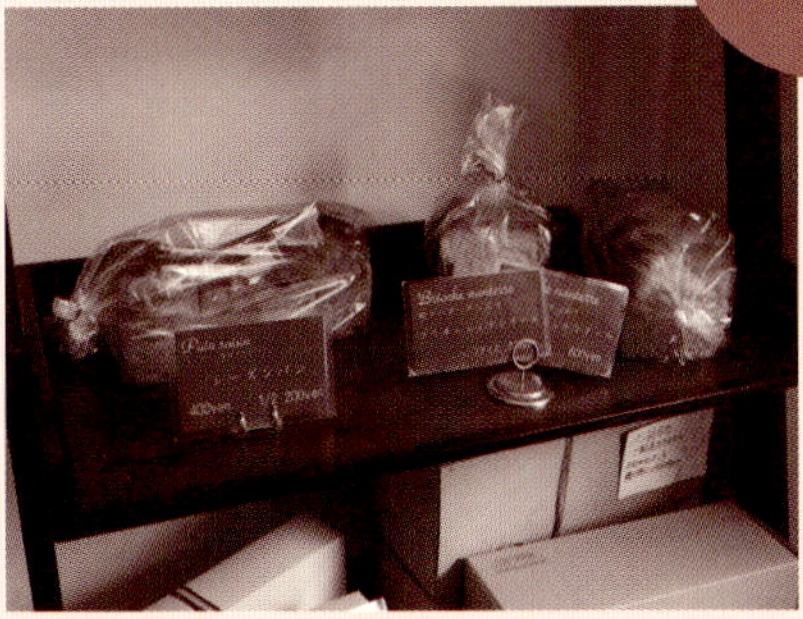

ボネダンヌ
シンプルだが「しっとり、翌日でもおいしい」「卵とバターたっぷり」などと、最小限の説明も。

三好パン
商品名、使用酵母、材料、価格、アレルギー食材の表記のみの、すっきりした表記。

ご案内

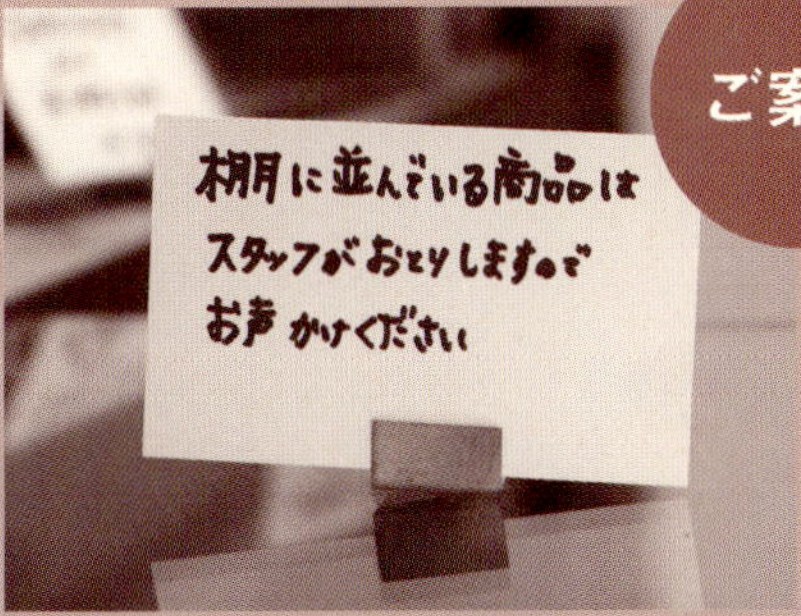

三好パン
パンづくりで手が離せないときが多いお店なら、さりげなくメッセージを書いておくのも手だ。

SONKA
カードでの表示はパンのプライス以外にも、簡単なご案内をするのにも向いている。簡潔に、センスよく見せたい。

これぞ! 食卓の主役 ～ハード系&食パン～

パン屋の代表的なラインナップとして、
「ハード系＆食パン」「ソフト系＆菓子パン etc.」
「焼き菓子＆スイーツ」に分けて特徴を紹介。
人気店の個性的なパンを見てみよう。

京都のレストランやビストロ、ワインバーなどで味わえるバゲットが評判。写真は「もっちりバタール」（296円）。（HANAKAGO）

店名「コメット」を、その名に冠した看板商品（1/2で520円）。北海道産小麦と、パンの持ちをよくするために米糠を使用。野菜やチキンのスープにおすすめ。（コメット）

ライ麦12.5%、全粒粉12.5%を配合した、薪窯焼きの「みまきカンパーニュ」（ホール1000円、右の1/4は250円）。（わざわざ）

全粒粉を30%使用した「くるみのバゲット」（259円）は、チーズやパテにも合うと紹介。（オンニ）

シンプルな材料で深い味わいを楽しむ

〈ハード系〉とは、長時間発酵した生地を高温のオーブンで焼き上げる、歯ごたえのある食感のパン。フランスパンやドイツパン、定番のパン・ド・カンパーニュやバゲットなどが有名。材料は小麦粉、塩、水、イーストといったシンプルなものだけ。

かめばかむほど味わい深く、低カロリーでヘルシーなパンといわれる。スライスしてハムや野菜など好きなものをのせたり、挟んで食べることが多い。

食パンは、角型、山型など形や大きさはさまざま。ヘルシーさを打ち出すなら全粒粉や豆乳を使うなど、材料によってバリエーションは広がる。また、野菜や果物を練り込むことで、季節商品の展開も。アイデア次第で可能性の広がる商品だ。

材料がシンプルだからこそ、原材料と製造方法にこだわり、安心して食べてもらう配慮が必要といえる。

イーストを微量使い、低温で24時間発酵させて粉の甘味を引きだした角食。ディスプレイもユニーク。1斤380円。（わざわざ）

長時間熟成した、しっとりなめらかな味わいの「パンドゥミ」（300円）。スライスの注文にも応じてくれる。（ボネダンヌ）

入口を入ると、まず目に飛び込んでくるのが、食パンとハード系のラック。大胆かつ存在感のある陳列方法だ。（365日）

「食パン」「イギリスパン」「ゆめちから食パン」を並べて、お好みによって選べるようにプライスカードで説明。（オンニ）

ティータイムのお供に
～ソフト系&菓子パン etc. ～

果物や野菜入りの創作パンなど、パン屋ごとに腕によりをかけて提供している。

店主が修業したフランスでの思い出を込めたクロワッサン（180円）。（HANAKAGO）

フランスのバターの芳醇な味わいと、長い余韻が味わえるクロワッサン（269円）。（コメット）

自家製マヨネーズを使ったフォカッチャ生地のクラシックサンドは火曜・木曜・土曜にお店に並ぶ。（コメット）

ベーグルの「黒糖くるみ」「レーズンクリームチーズ」（各240円）。ベーグルは数種類あるが、すべて生地を使い分けている。（日々舎）

定番商品ながらも意外性のあるパンに注目

ハード系に対し、一般にイーストと卵や乳製品を使い、フワフワな噛み心地のパンを〈ソフト系〉と呼んでいる。食感はふっくらもちもちしているのが特徴で、クロワッサンやブリオッシュ、デニッシュなど。

とくに最近は、無添加で、低農薬または無農薬の野菜を生地に練り込んだパンが人気で、ブドウやサツマイモといった季節の果物や野菜を巻き込んで登場するものも。

サンドイッチでは「コメット」のフォカッチャ生地を使った限定品や、「HANAKAGO」のバゲットにサラミ、チーズ、バターを挟み込んだ「夜のカスクルート」など、意外性もあって喜ばれている。

菓子パンの定番・あんパンは、自家製あんを使ったり、くるみなどを折り込んだり、ハードな生地にバターと一緒に挟んだものも。メロンパンやカレーパンも変わらぬ人気商品だ。

ピスタチオと相性のよいチョコレートを使って焼き上げた「エスカルゴ」（330円）。（コメット）

自家製酵母を使った生地に、シナモンを程よく効かせたシナモンロール（260円）。（ツナグベイク）

あんパンは「和栗あんぱん」「小倉あんぱん」「桜あんぱん」「ごまあんぱん」「こしあんぱん」など種類豊富。（オンニ）

あんパンは、こしあん入り（140円）のほか、つぶあん入りや、フランスパンの生地を使ったもの（160円）もある。（三好パン）

おやつに食べたい！ ～焼き菓子&スイーツ～

パンの買い物ついでに、つい手が出るのがいろいろ楽しめる焼き菓子やスイーツだ。

レーズン酵母で一晩発酵させて焼き上げた「酵母マフィン」（280円）はバナナでしっとり甘い香り。（日々舎）

ラムレーズンの香り豊かな「酵母スコーン」（180円）と、メープルグラノーラ（1袋520円）。（日々舎）

アーモンドの香るシンプルな「サブレナチュール」（240円）はブルターニュ地方の名産品。（ボネダンヌ）

ブルボンバニラとカルバドスの、程よい香りを特徴とするカヌレ（160円）。（365日）

保存性が高いラスクにお店の個性も

焼き菓子やスイーツは、ハード系中心のパン屋でも置かれることが多い。パンの「ついで買い」をするお客さまが少なくないので、レジ近くなどに陳列。とくに目にするのはラスクやベイクドメレンゲ。かさ張らないので、袋詰めして売られる。

焼き菓子を販売するメリットとしては、水分含量が低く保存性が高いので、頻繁に補充しなくても済むこと。とくにラスクを置くお店は多い。

ラスクは薄くカットしたパンの表面に、卵白と砂糖を混ぜたものを塗り、オーブンで二度焼きしたもので、固くなったパンの再利用法としても有効。カリッとした食感があり、甘いものだけでなく、おつまみにもなるニンニクや塩味を効かせたラスクもあり、お店ごとに工夫が見られる。

そのほかの商品としてはビスケット、スコーン、フィナンシェ、パウンドケーキ、クグロフなどが一般的。

焼き菓子には、オレンジとナッツの食感が特徴のキャレ、クッキー生地にキャラメルでコーティングしたフロランティーヌなども。（ボネダンヌ）

人気商品のガトーショコラ、フルーツケーキ、フィナンシェなどのお菓子コーナー。（ボネダンヌ）

バラ売りで抹茶とプレーンが選べるスコーン（195円）はガラス瓶に詰めてディスプレイ。（コメット）

焼き菓子はケーク、ビスコッティ、スコーンの詰め合わせセットも。ジャムとの組み合わせもできる。（コメット）

比べてみよう!

買い物を楽しくさせるこんな〈商品〉も好評!

ジャムやオリーブオイル、なかには
コーヒー豆や無農薬栽培の野菜を置くパン屋も。
日常食として欠かせないパンを引き立てる
さまざまな商品が店頭を賑わしている。

パンのお供に

ブーランジュリー コメット
フランスのナイフメーカー、レコノム社のブレッドナイフ(3805円)、バターナイフ(1203円)なども販売。

ブーランジュリー コメット
完熟フルーツのみを厳選して使った、アラン・ミリア社のジャムコレクション。

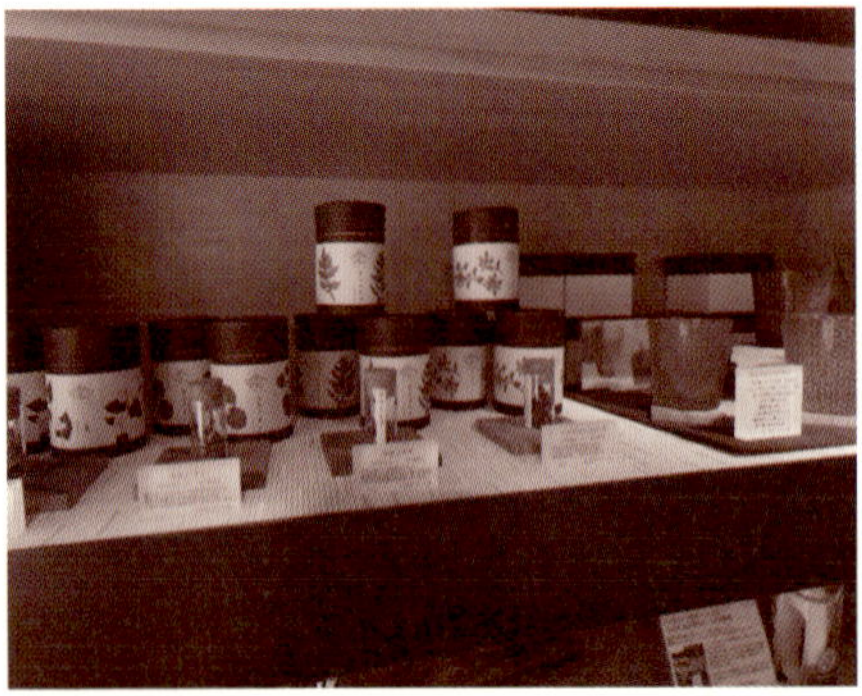

365日
伊吹山に自生するハーブを使った国産ハーブのコレクション。

ブーランジェリー オンニ
群馬の契約農家から仕入れた、甘い香りの2種類のジャム。パンやヨーグルト、そのままデザートにもよし。

ブーランジュリー ボネダンヌ
全国の個性的なパン屋を紹介した本や、建築とインテリアの本など、ビジュアルブックを販売。

365日
独特のフォルムが印象的なお店ならではの、食パンを焼くためのオリジナルパン型（5555円）。

雑貨、本 etc.

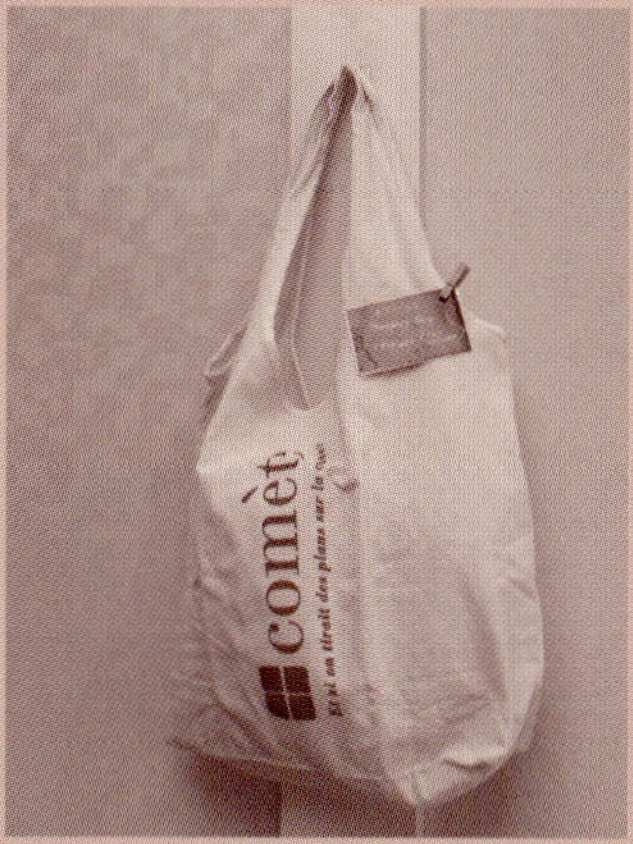

ブーランジュリー コメット
お店のロゴ入りの、爽やかなデザインのオリジナルエコバッグ（1500円）。

ツナグベイク
スタッフが経営する花と古道具のお店の協力もあり、フラワーアレンジを販売。

わざわざ
陶器やガラス器、木の器などのほか、さまざまな生活雑貨は見るだけでも楽しめる。

理想のお店づくりの第一歩は物件探しからはじまる

自分の開きたいお店のコンセプトを決めたら、それに合った立地、広さ、賃料……その他の条件を整理して、納得のできる物件を見つけよう。

どんなお店にするかによって物件の条件は大きく違う

一等地にこだわる必要はなし

繁盛するお店づくりには立地選びが大切だが、その際、いわゆる「一等地」にこだわる必要はない。確かに、駅前や人気の商店街に面した場所は人通りが多く、多くのお客さまを獲得できるような気がするかもしれないが、そうした場所の家賃や保証金は高い。家賃が高い物件で経営を成り立たせるには、商品の単価を上げる、あるいは単価を上げないかわりに材料費を下げる、商品を大量に売るといったことが必要になる。

もしも、「地元の人に日常的に愛されるパン屋にしたい」「パンの美味しさにこだわりたい」のなら、こうした立地は避け、住宅地に近いところを探したほうがいいだろう。

また、たとえば周囲がオフィス街なら、売れるパンは、ランチタイムに食べる惣菜系がメインになる。それが自分の売りたいパンの路線なのかどうか、検討する必要がある。

つまり、お店のコンセプトが違えば、物件探しの条件も変わってくるということなのだ。

コンセプトを練ってからエリアを絞っていく

物件探しをはじめる前に、まずはお店のコンセプトをある程度練っておくことが必要。「どんなパンを売るのか」「そのパンをどのような場面で食べてほしいのか」「どんなお客さまに売りたいのか」「自分や家族だけでやりたいのか、人を雇って展開したいのか」「どのくらいの単

■居抜き

物件の形態には、設備も何もない状態の「スケルトン」と、前の借主が使っていた設備がそのまま残された「居抜き」がある。前の借主が同業者の居抜き物件なら設備をそのまま使える。ただしその設備が汚れていたり故障している場合もあるので注意。

価で、1日何種類、何個くらい売りたいのか」「販売スタイルや陳列法をどうするか」など、なるべく具体的にイメージしていくと、自分のお店をかまえるエリア、駅からの距離や周辺環境、広さなどがおのずと絞られてくるだろう。

ちなみに家賃は、フードビジネスにおいては、売上高に対して10％程度にとどめるのがよいとされている。逆にいえば、家賃10万円の店舗を維持するには、最低でも月１００万円（毎月25日の営業なら1日４万円）の売上げが必要ということになる。

立地、広さ、賃料など、ある程度、物件の希望条件が固まったら、不動産業者に相談しよう。好条件の物件はすぐには見つからないので、数カ月以上かかることを覚悟すること。

不動産業者からの物件紹介を待つ間は、そのエリアの市場調査もお忘れなく（次項参照）。業者から物件を紹介されたら、諸条件をじっくり確認してから契約しよう。

物件探しから不動産契約までの流れを理解しておこう。とくにお金を支払うタイミングについて知っておくことが大事だ。

不動産契約までの流れとおもな注意点

【物件探し】

ここをチェック！
- □ エリア（最寄駅）
- □ 駅からのアクセス
- □ 面積　□ 家賃
- □ 路面店か２階以上か

備考
- ・不動産業者には具体的に希望を伝える。
- ・絶対に譲れないポイントは何か、優先順位を決めておく。
- ・なじみのあるエリアなら、口コミでよい物件情報が入ってくることも。

▶

【物件の見学】

ここをチェック！
- □ ガス、電気の容量
- □ 設備・備品の状態（居抜き物件の場合）

備考
- ・居抜きの場合は、設備機器の状態を確認。古い場合は修理費や撤去費用がかかることも。
- ・物件が汚れている場合は自分たちでクリーニングしなくてはならないことも。
- ・工事が必要な物件の場合は、貸主に工事に関する制約を確認しておく。

▶

【周辺の調査】

ここをチェック！
- □ 人口や世帯数などのデータ
- □ 通行調査
- □ 競合店の状況

備考
- ・人口や世帯数などについては、エリア選定の時点である程度は進めておく。
- ・通行調査は、時間帯や曜日を変えて行う。人数だけでなく、どのような年齢、性別、職業の人が通るかも確認。

▶

【申し込み】

ここをチェック！
- □ 申込金の支払い
- □ 契約解除時の申込金の返金について
- □ 領収証の受領

備考
- ・申込金とは、申し込みの意思確認と順位保全のために払うお金のこと。契約成立時には手付金の一部にあてられる。契約前に解除した場合、一般的には返還される。
- ・資金を借り入れる必要がある場合は、申込金を払ったら、金融機関に融資を申し込む。
- ・融資の審査を待つ間、いつまで順位保全してもらえるか確認。

▶

【条件確認→貸主承認】

ここをチェック！
- □ 契約内容
- □ 書面で確認

備考
- ・契約の前に、契約・権利書面に書かれた家賃や保証金、管理費や更新料、退去時の返却要件を確認。
- ・退去時に「原状復帰」ではなく「造作譲渡」が認められている物件が無難。

▶

【契約】

ここをチェック！
- □ 手付金の支払い
- □ 契約金の支払い

備考
- ・融資の審査が契約までに間に合わない場合は、自己資金から手付金を払い、融資実行後に残金を決済する。

CHECK 17

申込金は必ず領収証をもらい、いかなる理由で申し込みを解除しても、返金してもらえることを確認すること。また、契約時の手付金は一度支払うと、契約解除する場合には返還されないので慎重に検討しよう。

物件探しと並行して 立地の特性を調べておこう

漠然とした「憧れ」だけでエリアを絞ってはいけない。
その立地ならではの客層、人の流れ、
そして競合店の状況などを
自分の目で確認しておくことが重要だ。

まずはコンセプトに合った立地は どこにあるかを考えよう

まずは役所などで 基本情報をリサーチ

お店をどこで開くのかある程度エリアが決まってきたら、具体的な物件探しの前に、まずは役所で商圏となりそうな地域の基本情報をおさえておこう。商圏とはお客さまがやって来る範囲のことで、駐車場のない小さなパン屋の場合はお店から徒歩5〜10分（半径350〜500メートル）の範囲をいう。手はじめにこのエリアの人口や世帯数をチェック。これらが多いほうが潜在的なお客さまの数が多いということになる。

　また同時に、役所の都市整備課などで、必ず商圏の都市計画の有無もチェックしてみよう。お店の近くに新たな道路、大型商業施設、再開発計画などがあれば、今の人の流れは劇的に変わってしまう可能性があるからだ。

　こうした基本情報を把握したら、次はいよいよエリアの客層や人の流れを自分自身で調べることになる。

客層と人の流れのほか 競合店の状況をチェック

　同じエリア内でも、駅の北側はオフィス街、南側は商店街と住宅街というふうに、少し離れただけでがらりと街の雰囲気や客層が変わることがある。不動産業者に物件探しを依頼する際、なるべく細かく条件を指定できるよう、地図を持って自分の足で立地調査をすること。

　そして実際に人の流れを自分の目で観察して、時間や曜日ごとに、行きかう人の数をカウントしてみよう。

■立地調査の方法

自分自身で調べるのがもっとも確実だが、それがかなわない場合は、コンサルティング会社に依頼する方法も。都市計画や客層についてくわしい地元の不動産業者から情報を得るという手もある。

その際、数だけでなく、流れの方向なども見極めること。横断歩道をひとつ隔てるだけで人の流れがまったく異なることがある。

　また同時に、その人々の年齢、属性、ファッションなども観察することが大事。商圏の抱える人口も重要だが、もっと重要なのはターゲットにしたい客層の有無だからだ。ファミリーを相手にしたいのか、会社勤めの人や学生のランチタイムを狙うのか。お店のコンセプトに合うのはどんな人なのか、意識しながらチェックしよう。

　また、商圏内の競合店の状況も調べること。既存店の客層、商品のラインナップ、単価、人気商品、繁盛の具合、その理由などをチェックしておこう。コンセプトが同じようなパン屋がすでにあるなら、その徒歩圏は避けるという選択肢も。似たようなコンセプトのお店の近くに、どうしても出店したい場合は、その店との差別化を図る必要があるだろう。

繁華街、商店街、学生街・オフィス街、住宅地・郊外――それぞれの立地には特性があり、パン屋に求められるものも違う。

立地の特性とポイント

立地	特性	ポイント
繁華街	ターミナル駅、主要駅の周辺など。大型店舗が立ち並び、年齢・性別を問わず、多くの人が集まる。	・家賃や保証金が高い。 ・買い物や遊びが目的の人が多いため、商品にはそうした人々にアピールできるような付加価値が必要になる。
商店街	駅周辺にあり、住宅地に囲まれたエリア。地元住民を中心に多くの人が集まる、パン屋には理想的な立地。	・家賃や保証金が高め。 ・平日の午後から夕方にかけて主婦や高齢者が、夕方以降は通勤・通学帰りの学生や会社員が来る。食事系のパンを中心に幅広い種類のパンを揃えたい。
学生街・オフィス街	会社員や学生などの来店が一定数見込める。	・モーニングやランチの時間帯に客が集中する一方で、休日や夏休みには人通りが激減するなど、繁閑の差が激しい。惣菜パンやサンドイッチが売れ筋となる。
住宅地・郊外	人通りが少ない。地元の主婦や高齢者が中心となる。	・住宅地の雰囲気や客層にふさわしい価格設定とラインナップが求められる。駐車場を設けることで、集客アップを図るという方法もある。

CHECK 18

人通りの多い場所ならば、たくさんのお客さまを獲得できるとは限らない。よい場所ほど、賃料も保証金も高く、それが開業資金を圧迫することにもなりかねない。コンセプトに合った場所なら多少遠くても買いに来てくれるはずだ。

厨房と売り場のレイアウトは「動線」を考慮して

厨房や売り場のレイアウトを考える際は、
お客さまとスタッフ、それぞれの動線を思い描き、
スムーズに動けるような配置を心がけよう。
それが効率的なお店づくりの基本だ。

小さなお店ならではのお店づくりの基本とは？

小さなお店の売り場は対面販売が主流

お客さまにトングでほしいパンをトレイにのせてもらう販売方式の場合、商品1種類ごとに一定のスペースが必要となり、店舗部分の面積を広くとらなくてはならない。そのため10坪程度の小さなお店の場合、売り場は販売スタッフがお客さまの注文を聞いてパンを出す「対面販売」方式をとることがほとんどだ。

この方式なら、狭い陳列ケースでもパンを1列ずつ並べるなどすれば対応可能だし、トングやトレイを並べるスペースや手間も不要になる。

対面販売方式の場合、陳列ケースはお店に入ってすぐ、正面に置かれることが多い。来店したお客さまに商品をアピールしやすく、道行く人からも、どんなパンを売っているか一目でわかるというメリットがあるためだ。

対面販売でない場合も、来店したお客さまの動線、目線を考えながら、棚をどのように配置し、どの棚にどの商品を置くかを考えよう。

逆に、レジ周りの備品や包材を収納する棚などは、スタッフにもお客さまにもアクセスしやすい場所に置く必要がある一方で、なるべくお客さまからは見えないようにする工夫も必要。「見せる」「隠す」のメリハリをつけることが大事だ。

厨房のレイアウトは作業台を中心に据えて

かつては店舗奥の厨房は、販売スペースからは見えないように仕切り

を設けることが多かった。しかし最近は仕切りを透明にしたり、開放したりして、あえて厨房をお客さまに「見せる」ようにしているケースが多い。厨房を見せることで、「手づくりの安心感」「工場直売の美味しさ」などをアピールし、狭い空間に開放感を持たせることなども狙っているのだ。

もちろん見せるからには、厨房に清潔感を持たせるようレイアウトや内装にも配慮することは必須だ。

厨房内のレイアウトは、厨房のスペースが限られている場合は、設置する厨房機器の種類や大きさを厳選。そのうえで、作業の流れを考えながら、冷蔵庫、ミキサー、オーブンなどの配置を考える。作業台は冷蔵庫からもオーブンからもアクセスしやすいよう中央に置くことが多い。

オーブンは、置き場所が選べる場合は、販売スペースに近い場所に置いたほうが、商品の陳列作業がやりやすくなるだろう。

小さなパン屋では、間取りや広さなどで制約を受けがちだが、下のようなポイントをクリアすることでお店の魅力にもなるはず。

小さなパン屋のレイアウトのポイント

販売コーナー

- □ 店舗の間口は広くとり、開放感と入りやすさを演出
- □ トレイ、トング台を設置する場合は入口の右手に置く
- □ 入ってすぐ目に入るところに、主力商品の陳列スペースを確保
- □ 目線より上には商品を置かない
- □ レジ周りに包材のストックスペースが必要
- □ イートインコーナーをつくるかどうか検討

厨房

- □ 厨房と売り場の間を仕切らない
- □ オーブンは販売コーナーの近くに置くのが望ましい
- □ 冷蔵庫、ミキサー、オーブンは作業の流れを考えて配置する
- □ 作業台は真ん中に置くと、各機器から近くて便利

CHECK 19

希望する物件が絞られてきたら、店内の様子や棚に並べる商品まで具体的にシミュレーションしてみよう。上のポイントを加味しつつ、機材やショーケースなどを実際にレイアウトしてみるとわかりやすいだろう。

店舗設計・工事の流れを押さえて上手にコストダウンを

店舗設計および工事は、
開店後の成否を左右する大事なプロセス。
上手にコストカットしながら
プロの業者をうまく利用する方法を考えよう。

限られた開業資金をうまく使うために コスト意識を忘れずに！

信頼できる業者選びが重要なステップに

店舗の内装は、お店のイメージを大きく左右するだけなく、ちょっとしたレイアウトの違いなどで商品の生産能力や作業効率などにも多大な影響を与える。

そのため、店舗のデザインや各種工事は、飲食店、とくにパン屋の設計・施工に関してそれなりの実績をもつ業者に任せたい。とくにはじめてパン屋を開業する場合は、プロならではのノウハウやアイデアがほしいところだ。

実績のある業者を探す方法としては、口コミでの紹介のほか、インターネットや雑誌などでリサーチするという方法も。サイトや雑誌の過去の実績の写真などをもとに、業者のセンスが自分のめざすテイストに合っているか、費用はいくらかかるのかといったことをチェックしよう。

ある程度めぼしがついたら、複数の業者から見積もりをとり、費用が適正かどうか見極めること。

設計・施工業者が決まったら、必要な設備、レイアウト、デザインなどを詰めていくことに。デザインなどはイメージが口頭では伝わりにくいので、写真などをふんだんに使って自分のめざすテイストを伝えるようにしよう。

コスト削減には分離発注やDIYという手も

一般に、工事は設計を依頼した業者（設計事務所や工務店）が窓口となり、大工工事、塗装工事、設備工事などを各種専門業者に依頼することが多い。

しかし、もしコストが気になるのなら、設計事務所には図面の作成のみを依頼し、工事は自分が手配する「分離発注」という手段でコストを抑える方法もある。ただ、この場合、業者の選定から見積もり交渉、契約、施工管理、トラブル対応はすべて自分がしなくてはならない。時間と労力がかかるので、工事期間中の家賃なども考慮したうえで、ベストの方法を選びたい。

比較的手軽にできるコストダウンの方法としては、床や壁の塗装、棚やテーブルの造作工事を自力でやるＤＩＹがおすすめ。今回登場するパン屋のオーナーにも、「壁や床は自力で塗装した」「タイル貼りは、開店して、落ち着いてからやった」という人が複数あった。

ただし、解体工事や設備機器の設置などはプロに任せたほうが安全・確実・スピーディだろう。

どんなお店にしたいかがあいまいなままでは混乱のもと。自分の思いを業者に具体的に伝えられるようにしておこう。

業者に依頼する際の注意点

費用

設計・施工に使える予算を明確にしておく。見積もりはなるべく詳細なものを出してもらい、オーバーする部分についてはどうやってコストカットするか（一部ＤＩＹにする、資材のランクを落とすなど）、相談を。

コンセプト

業者に依頼する前に、自分自身の中で、店のコンセプト、デザインの方向性、レイアウトの大枠を固めておく。

設備

メニューの種類や売上げ予測をふまえ、開業に必要な設備機器は何か洗い出しておく。同時に、それを設置するのに必要な電圧やガス容量、配管・配線について、確認しておく。

【ＤＩＹを行う場合の注意点】

メリット

・工賃がかからないのでコスト削減か可能に。
・自分のセンスやアイデアを反映しやすい。

デメリット

・作業効率が悪く、時間がかかる。
・完成度の高さを期待できない。
・家賃など、余分な費用が発生するリスクがある。

【その他コストダウンの工夫】

中古品の活用

・居抜き物件を利用する、備品に中古品を利用すると、コストを抑えることができる。ただし、古すぎて使いづらかったり、修理が必要になってかえってメンテナンス費用が高くつくこともある。中古品を利用する場合は、保証期間やアフターサービスの有無などについてもしっかり確認すること。

CHECK 20

自分の夢を実現するからには、細かいところまでこだわりのお店にしたいと思うものだが、じつはコストカットすべきなのは、内装デザインや工事。限られた予算であれば、まず優先すべき部分は何かを見極めるべきだ。

パン屋開業に必要な設備・備品

パン屋に必要な設備機器には高額なものが多く、
多額の開業資金が必要になる。
最低限必要なものは何か、新品か中古か？
そうした見極めも必要だ。

少しでも無駄をなくすために慎重なセレクトをしよう

開業に最低限必要な設備とは

パンの製造に最低限必要な機材は、次のとおり。

・オーブン…パンを焼き上げるためになくてはならないもの。電気式とガス式がある。電気式は温度調節が楽、ガス式は燃焼時の水分でパンがしっとり焼き上がるというメリットが。電気の配線またはガス配管が必要で、オーブン上には排気ダクトが必須になる。

・ミキサー…パン生地をこねる機械。手仕込みという方法もあるが、ビジネスとして数をこなすなら必要。

・ホイロ…湿度と温度を調整できる機械で、発酵工程で使用。最近は、生地の冷凍保存、解凍、発酵まで管理できるドゥコン（ドゥコンディショナー）も人気。

・冷蔵庫、冷凍庫…材料保管と生地の保管、および発酵調整に使用。

・作業台…パン生地の分割、成形を行う台と、オーブン前でパンの出し入れに使う台、合わせて2台あることが望ましい。小さいお店の場合は、冷蔵庫機能をあわせもつコールドテーブルを利用するという手も。

そして、その他設備として、エアコン、電気配線、給排気設備も必要になる。もちろん、パン型や天板、スケールなどの調理機器のことも忘れてはならない。

販売コーナーに必要なものとしては、什器、照明、エアコン、レジ、電話・ファクスなど。商品の内容や販売形態によっては、冷蔵ショーケース、トレイなども必要になる。

つくるパンの種類によってはこんな機器もあると便利

メイン商品となるパンの種類によっては、ほかにも揃えると作業効率が上がり、便利なものがある。

たとえばクロワッサンやパイ生地のものをつくるなら、生地を折り込む「リバースシーター」があると便利。食パンを大量に製造する予定なら、丸めた生地をベンチタイム後、伸ばして巻いて棒状にする「モルダー」がほしいところ。

カレーパンなど揚げパンをつくるならフライヤーも必要だろう。

こうした設備機器を新品で揃えると、たとえシンプルな内装、什器を採用したとしても、1000万円近くかかるのが一般的だ。経営が軌道に乗るまでは必要最低限の設備、内装にとどめる、中古や家庭用を活用するといったコストダウンの工夫をしたいところだ。

パン屋をはじめるのに必要な機材や設備機器はさまざま。当初からすべてを揃えるのではなく、必要最小限にとどめるのも手だ。

揃えたい機器をチェックしてみよう

必要不可欠なものには◎、あれば便利なものには○、なくていいものには×をつけてみよう

厨房の設備	
オーブン	
ミキサー	
ホイロまたはドゥコンディショナー	
冷蔵庫・冷凍庫	
作業台	
モルダー	
リバースシーター	
フライヤー	
卓上ミキサー	
コーヒーサーバー	

売り場の設備	
パン棚（オープン）	
パン棚（ガラスショーケース）	
冷蔵ショーケース	
レジ台	
レジ	
ＰＣ・プリンター	
電話・ファクス	
トング・トレイ置き場	
イートイン用テーブル・椅子	

CHECK 21

小さなパン屋では、どうしても売り場を狭くせざるを得ないことが多い。陳列するパンも最小限に抑え、お買い上げごとに厨房のラックから提供するお店もある。お金をあまりかけずに済むオリジナルなパン棚を考えよう。

パン屋開業に必要な手続き・届出

パン屋を開業するには、
どんな手続きが必要になるの？
イートインを設ける場合は？
お店に必要な手続き・届出について知っておこう。

オープンに向けて必要な許可申請のいろいろ

食品に関する営業には保健所の許可が必要

パン屋に限らず、食品に関する営業には、食品衛生法や各自治体の条例で定める営業許可が必要。開業前に、お店の住所を管轄する保健所に営業許可の申請を行い、自治体が定める営業基準に合致した施設をつくり、営業許可を受けること。

一般に、パンを焼いて売る場合には、「菓子製造業」の営業許可が必要になる。パンでも惣菜パンやサンドイッチをつくる場合や、イートイン・カフェコーナーを設ける場合は「飲食店営業」の営業許可が必要。

菓子製造業なのか、飲食店営業なのか、業種によって、求められる施設の基準が異なる。たとえば、飲食店営業の場合は、「シンクが2槽必要」「給湯設備が必要」「客に飲食させる場合は、客用便所が必要」といった具合だ（基準は地域によっても異なる）。

お店の工事が終わってから「こんなはずじゃなかった！」とならないために、お店の工事に着手する前に、設計図などを持って、保健所の食品衛生担当の部署に事前相談に行こう。それには、お店の設計をはじめる段階で、「どんなパンをつくるか」「どんな形態で売るのか」を明確にしておかなくてはならない。「最初は無理でも将来はカフェコーナーを」と考えているなら、将来の変更を見据えたレイアウトにしておくこと。

事前相談を経て、工事が進んだら、完成予定日の10日くらい前に営業許可の申請書類を出す。完成したら、施設の確認検査を受け、問題がなければ許可書が交付されることになる。

「食品衛生責任者」の資格を得るには

パン屋開業を希望する人にとって、もう一つ気になるのが、「学校などで資格を取得することは必要なのか」ということだろう。

結論からいえば、学校などに通って資格を取得することは必要ない。学校で学んだこともなく、独学でパンづくりを学んだ人でも、簡単に営業許可を得ることはできる。

ただし、一つだけ必要なのが「食品衛生責任者」の資格だ。食品衛生責任者になれるのは、栄養士、調理師、製菓衛生師、食鳥処理衛生管理者、船舶料理士の資格をもつ人と、食品衛生管理者もしくは食品衛生監視員となることのできる資格を持っている人など。これらの資格がない人は、保健所で1日の講習会を修了すればOKだ。

地域によって、設備基準などが異なるので、事前相談や営業許可申請は、必ずお店の住所所管の保健所で行うこと。

営業許可申請の流れ

①事前相談
- お店の着工前に、図面を持参して事前相談を。はじめての開業の場合は、設計前の段階で一度相談に行くとよい。
- 衛生的な管理運営のため、施設ごとに食品衛生責任者をおかなくてはならない。
- 貯水槽や井戸水などを利用する場合は、水質検査が必要。

▶

②申請書類の提出
- 必要書類を工事完成予定日の10日くらい前までに提出。
- 申請の際に、検査日などの相談をする。

▶

③施設完成の確認検査
- 検査の際は、営業者の立会いが必要。
- 施設基準に適合しない場合は、営業許可が出ない。適合しなかった点を改善し、後日再検査を受ける。

▶

④許可書の交付
- 施設基準に適合していることが確認できたら、営業許可書が交付される。交付には数日かかるので、開店日について、保健所と相談しておく。確認検査に合格しても、許可書がなくては開店できないので注意。
- 営業許可書受領の際は、印鑑が必要。

▶

⑤営業開始
- 食品衛生責任者の名札を、見えやすい場所に掲示。

CHECK 22

お店をはじめる際、誰もが必ずクリアしなければならない手続きだが、じつはあまり難しくない。ただし、地域によって基準などに差があったりするので、地元の経験者に聞いてみるのがベターだろう。

比べてみよう!

焼き立てパンがズラリ!お客さまの視線が集まるディスプレイ

小さなパン屋は売り場をあまり大きくできないこともあり、ショーケースやカウンターを挟んでの対面販売がほとんど。パンのにぎわいを演出し、美味しく見せる方法を考えよう。

わざわざ
全面ガラス張りのシンプルなショーケース。商品ラインナップが少ないので、ゆとりを持ってディスプレイできる。

日々舎
売り場側にガラスを入れていないので、お客さまに直接取ってもらうこともできる。

ツナグベイク
上段はライトアップでき、下段のアール部分が印象的なレトロなショーケース。

ブーランジュリー ボネダンヌ

横幅が取れない代わりに、奥行きを広くしたカウンターテーブル。黒板のメニューが印象に残る。

ブーランジュリー コメット

パンを陳列するカウンターの端をレジ用に使っているので、背面の棚やストック用のシェルフなどでカバー。

ブーランジェリー オンニ

入口からL字型に折れ曲がったカウンターには約70種類ものパンを並べることができる。

365日

まるでジュエリーショップのようなおしゃれなデザインのカウンター。

お客さま目線が大事 ときには商品の見直しも

現場の動きや、売上げ、支出など
すみずみまで把握するのはオーナーの役割。
さらに、どのように商品をプレゼンするか、
お客さま目線で考えるのも重要な要素だ。

経営者感覚はもちろん お客さまの立場になることが必要

お店づくりのヒントは 第三者の意見に潜む

オーナーに必要な資質は、「初心忘れるべからず」の精神。ここで言う「初心」とは、お店を開く前、純粋にお客としてほかのパン屋を利用していたときの気持ちである。

第三者、つまりお客さまの目線で、お店全体を見渡せるかどうか。これは、オープン後も引き続き重要となってくる。オーナー自らお客さまの立場になり、価格は適正か、安心して購入できるか、店内は清潔か、陳列は見やすいか、接客は的確かなど、しっかりチェックしよう。

また、お客さまから「家族が卵アレルギーです。このパンには、どんな材料を使っていますか？」という質問を受けたとする。その場合、スタッフは即座に答えられるよう、商品知識をマスターしておかなくてはならない。プライスカードに工夫して、原材料を記しておくという方法もある。いずれにせよ、お客さまが安心して購入してくれるように、わかりやすい表現を心がけて。

このようなご意見、ご要望、ときにはクレームにすら、お店づくりのヒントは潜んでいる。オーナーは、厨房での作業やスタッフの育成、収支状況に気を回すだけではなく、つねに誰より「初心」でいてほしい。

定番商品にこそ こだわりを入れていこう

どんなパン屋でも、食パンやカレーパン、チーズを使ったパンなど定番はコンスタントに売れる。看板商

品をつくることも大切だが、お客さまが日常的に食べている定番で独自性を出すことができれば、他店を引き離すことも可能だ。

よそのパンとどう違うか、これは情報として出していきたい。店内にボードを設置し、「自家製酵母」「自家製あん」「添加物不使用」などアナウンスするのも効果的だ。重要なのは、お客さまに「これを買うために、また来よう」と思ってもらうこと。リピーターになれば、再来店したとき、ついでに新しい商品にチャレンジしてくれる可能性も高い。

ちなみに、販売する商品は、スタッフ全員で定期的に試食しよう。味、重さ、形にばらつきがないか、自信をもって提供できるレベルに達しているか、また、自分がお客さまだったら買うかどうか、みんなで率直に話し合うこと。それを機に、品揃えや値段も含め、商品の見直しを図ることが出てくるかもしれない。

「経営者感覚」と「お客さま目線」の両方を兼ね備えているか、下記の表でチェックしてみよう。

お店づくりの際にチェックすべき項目

環　境

■ 経営者感覚が必要なポイント
- 立地　・外装＆内装
- 店内のレイアウト
- カフェコーナーを併設するか

■ お客さま目線でのポイント
- 清潔感　・営業時間
- 商品がわかりやすく並んでいる
- 原材料、焼き上がり時間の案内表示

品　質

■ 経営者感覚が必要なポイント
- 食材は安全なものを使う
- 味へのこだわり
- 他店にはないオリジナル商品を考案

■ お客さま目線でのポイント
- 味　・見た目　・食材の産地
- 安全＆安心
- 定番商品が揃っている

お　金

■ 経営者感覚が必要なポイント
- 商品の価格設定　・仕入れ値
- 厨房機器のメンテナンス費
- 人件費　・宣伝費

■ お客さま目線でのポイント
- 味に見合った値段か
- サイズ、量などのコストパフォーマンス
- 割引サービス

接　客

■ 経営者感覚が必要なポイント
- お客さまへの対応
- 取引先との関係
- 商店街を介した地域との交流

■ お客さま目線でのポイント
- 挨拶　・スタッフの言葉づかい
- 質問に対して的確に答えてくれる
- 「美味しい食べ方」などのアナウンス

CHECK 23

商品や店構えに、オーナーとしてのこだわりを出すことは大切だ。しかし、ただ一方的にアピールしても、人々の購買意欲をくすぐることは難しい。定休日を利用し、他店を訪ねてみるなど、実際に自分がお客さまになってみるといい。

接客のしかたによって リピーターを獲得できる

お店を続けていくうえで、お客さまとの
コミュニケーションは重要。
接客マナーを身に付け、地元の住民に
好かれるお店づくりをめざそう。

商品のクオリティと同じくらい スタッフの接客態度は重要

スタッフの接客態度は お店の評判を左右する

パン屋は製造業であると同時に、接客業でもある。製造スタッフだとしても、店先でお客さまとすれ違うかもしれない。焼き上がったパンを売り場に並べているとき、お客さまから商品について質問を受けることがあるかもしれない。つまり、スタッフ一人ひとりの接客態度が、お店の評判を大きく左右するのだ。

逆に言えば、ハキハキと元気よく挨拶する、笑顔がいい、商品や金銭を両手で受け渡しするなど、ちょっとしたことでお店の印象はよくなる。スタッフはしっかり教育すること。

万が一、クレームや、即答できない質問をされた場合、誰に聞けばわかるか一覧にしておくのも手だ。オーナーの不在時も対応できるよう、部門ごとに責任者を決めておこう。

採用活動は早めにスタートするのがおすすめ。チラシを配布する、あるいは、求人誌や就職情報サイトに広告を出す。ほかにもいろいろな方法があるが、即戦力を求めているなら、友人、知人など信頼できる人に人材を紹介してもらうと確実。採用のポイントとして、技術やキャリアだけではなく、いかに接客マナーを身に付けているか、というところにも注目したい。オープン前、1週間~10日間ほど実地トレーニングを。

接客スキルをアップして リピーターを増やそう

小さなパン屋にとって、おもなターゲットは地元客。お店がオープンして間もないうちは、珍しさで一度や二度は来店してくれるかもしれない。しかし、その後も通ってもらうには、商品のクオリティはもちろん、また別のフックが必要になってくる。

たとえば、焼き上がりの時刻をボードで案内、またはチラシにして袋づめの際に入れておくだけでも、いちばん美味しい状態でお客さまに提供できる。会計時、「食べる直前、軽く焼き直してください」「○○のジャムが合いますよ」といって、食べ方の提案をするのも効果的だ。

接客スキルを上げるには、製法、原材料、産地など商品について熟知していることが前提。他店との違いも把握しておきたい。日ごろからアンテナを張っておくことが大切である。

接客を通して得たお客さまの声は、決してそのままにしないこと。クレームもしっかり受け止め、改善して。お客さまから好みを聞くことができれば、商品開発にも役立つ。

お客さまのご来店から商品を選んでいるとき、会計、退店までの流れをシミュレーションし、練習しておこう。

基本的な接客の流れ

	■ポイント	■コメント例
入店	・笑顔で挨拶する ・リピーターのお客さまには一言加える ・本日のおすすめを伝える	「いらっしゃいませ」 「いつもありがとうございます」 「今日も暑いですね」 「本日のおすすめは○○です」
商品を選ぶ	・季節の商品、新商品が入っている場合、それをアナウンス ・焼き立てパンのアナウンス ・商品について質問されたら具体的に答える	「旬の○○を使った季節限定パン、△△が入っています」 「今日からの新商品、○○を入荷しています」 「添加物はいっさい不使用で、中の具材には、地元で採れた野菜を使っています」
会計〜退店	・トレイ、トングは両手で受け取る ・商品名や値段を読み上げながらレジを打つ ・より美味しく食べる方法を提案する ・再来店を促す挨拶をする	「お待たせしました。商品をお預かりいたします」 「天然酵母を使用したふっくらしたパンで、チーズと一緒に食べるとより美味しいです」 「ありがとうございました」 「またのご来店をお待ちしております」

CHECK 24

基本的な商品情報は当然だが、名前の由来、歴史、パンに合うワインなど周辺知識を豊富にもっていると、お客さまとの会話のネタにでき、接客に役立つ。また、スタッフを採用するなら、オープン前に実地トレーニングを行おう。

営業時間や焼成時間はお客さまの生活に合わせる

お客さまのなかには朝型の人が多いのか、
それとも夜型の人が多いのか？
地域の特性を見ながら営業時間を決めよう。
焼成時間はピークタイムに合わせて。

まずはパンの焼成計画を立てそれから全体のタイムテーブルをつくる

焼き上がり時間は3回に分けて設定して

作業をスムーズにするには、1日の流れを書き出したタイムテーブルが必要である。そのために、まずはパンの焼成計画を立てよう。種類によるが、やはり、パンは鮮度が大事。焼き立ての状態を提供できるよう、お客さまが来店する時間帯に合わせて焼き上がり時間を設定しよう。

では、どんなタイミングで焼き上がるのが望ましいか。お客さまが来店するピークタイムは、朝、昼前、夕方の3回ある。パンを焼くのは朝だけでなく、午後にも作業できるように段取りを組んで。食パン、バターロールのように朝食向きのものや、サンドイッチ、惣菜パンなど、おもに昼食として食べられるもの、さらに、ハード系の食事パン。それぞれニーズがある時間帯に合わせ、朝、昼前、主婦が買い出しをする夕方に焼き立てを出せるようにしたい。

なお、若年層が集まる地域は夜型の人が多く、しばしば朝食用のパンを前日の夜に買っておくケースが見られる。お客さまの反応を見ながら、どの商品がどの時間帯に売上げを伸ばしているかを割り出し、それによって、焼き上がるタイミングをどこに設定すべきか判断しよう。

立地条件を考慮して営業時間を決めよう

すでに述べたとおり、焼成時間はお客さまの生活リズムに合わせて設定すべきである。そして、これと同じことが営業時間についてもいえる。

もし、お客さまに夜型の人が多いなら、早朝にお店を開けても売上げは上がらない。開店は10~11時くらいが妥当だ。そのぶん閉店時刻は遅らせて、20時前後がいいだろう。

1日のうち、ピークタイムは朝、昼前、夕方の3回あるが、無駄な空き時間はつくりたくない。たとえば、バゲットだと、1次発酵と2次発酵にかかる時間を合わせて2~3時間。さらに、生地を休ませるのに20~30分、焼き時間が20~30分にもなる。

このような待ち時間を利用して、その他の作業を進めておこう。翌日の仕込みをすることもできるし、新商品の試作品をつくることもできる。売り場が忙しければ、接客に回ることもあるだろう。

オーナーたるもの、稼働していない設備や手の空いているスタッフがいないか、全体を把握しておく必要がある。現場が効率よく回るようにタイムテーブルを組み立てること。

オープン前に、まずはルーチン作業を書き出し、立地条件も加味しながらタイムテーブルを作成してみよう。

1日の流れとおもな作業内容

開店前	・朝と昼のピークタイムに向けて、パンの仕込みから焼き上げまでを行う ・食パンなどの定番、昼食用のサンドイッチや惣菜パンは開店に間に合わせる ・お店の掃除や、レジにおつりを用意するなど開店の準備をする
午　前	・サンドイッチや惣菜パンの製造は午前中で終了 ・食事パン、菓子パンなどは焼き上がった順に店頭に出す ・昼のピークタイムに向けて仕込みをはじめる
正　午	・昼のピークタイム ・夕方のピークタイムに向けてパンを焼く ・翌日の仕込みをはじめる
午　後	・夕方のピークタイム ・追加の商品を焼き上がった順に店頭に出す ・翌日の仕込みを行う
閉店後	・低温発酵には半日ほどかかるので、それが必要なものは翌日分をここで仕込む ・ホイロを使用するものは仕込みを済ませる ・調理器具の手入れ、レジ締めなど閉店の準備

CHECK 25

お客さまの反応を見ながらピークタイムを割り出し、さらに、時間帯ごとに売れ行きのいい商品を見極めて。そこから、パンの焼成時間を計算し、全体のタイムテーブルを作成しよう。営業時間は、お客さまの生活リズムに合わせること。

ホームページやブログを活用してお店をPRしよう

ホームページやブログ、ＳＮＳといった
インターネットツールを使えば、
費用をほとんどかけずに
効率よくお店を宣伝することができる。
「予算がない」と諦める前にチャレンジを！

少ない予算で効果的に宣伝できる情報発信ツールはこんなにある！

チラシで集客を狙うなら魅力的な割引券が成功の鍵

どんなに美味しいパンをつくっても、お店の存在を知ってもらわなければ集客は見込めない。告知や宣伝は、成功の鍵を握る重要な要素の一つといえるだろう。とはいえ、開業当初はなにかとお金がかかるもの。できれば費用はなるべく抑えて、効率のよい方法でお店をＰＲしたい。

もっとも手軽な方法は、パソコンで自作したチラシを配り歩くこと。通行人の多い駅前で配布したり、近所の家や会社にポスティングをするのが有効だ。自身でチラシ配りをした場合、予算は紙とインク代のみで済むが、費用が抑えられるぶん、割引券はケチらずに付けておきたい。開店宣伝の期間は多少赤字になったとしても、魅力的なサービスを付けておくことが、集客につながっていくからだ。割引率はなるべく高く。無料プレゼントを付けるのもいい。まずはお店に「行ってみたい」と思わせることが重要だ。有効期限は最低1カ月以上。期限を長めに設定しておくと、お客さまが利用しやすい。

ブログやSNSを活用して旬な情報を続々と発信

いまや店舗検索のツールとしてインターネットは欠かせない時代。本格的な知識がなくても、専用の作成ソフトがあれば自力でも制作が可能なので、開店準備の期間中に自店のホームページはぜひ開設しておきたい。予算に余裕があれば、店舗のロゴデザインとともに、プロのデザイナーに依頼するのもおすすめ。魅力的なホームページは高い集客効果が期待できるほか、メディアの目にも留まりやすい。ホームページの開設ができない場合は、お店の情報発信のために、せめてブログだけでもはじめておこう。

ツイッターやフェイスブック、インスタグラムといったソーシャル・ネットワーキング・サービス（SNS）も見逃せないツールだ。オープン前なら、開店準備の進捗状況を日々報告するだけでもいい。開業後は新商品の発売やイベント告知などを定期的に行うことで、活気のあるお店だと印象づけることができる。

メディアの力も上手に利用するといい。媒体により宣伝効果も異なるが、チラシ配りよりもはるかに効率よく集客が見込めるのは確かだ。味のよさはもちろんだが、他店にはない独自の商品やサービスを展開することで、メディアに取り上げてもらえる可能性はぐんと上がるだろう。

一言で「インターネット」といってもツールはさまざま。それぞれに合った情報発信の仕方があるので、基本的な方法を知っておこう。

宣伝ツールとしてのインターネットの活用法

★ホームページ
お店のコンセプトや商品の特徴・価格、地図といった基本情報を掲載しよう。その際、写真を付けて紹介すると、店舗や商品のイメージがしやすく、お客さまも足を運びやすい。デザインにこだわれば、ビジュアルツールとしても役立つ。

★ブログ
開業前であれば、オープン準備の進捗状況の報告を。開業後は、新作パンや季節商品の情報を随時更新することで、活気のある印象を与えることができる。積極的な情報発信が、「行ってみたい」「また行きたい」と思わせるきっかけに！

★SNS
フォロワーや友達登録をしているお客さまに、日替わりパンやその日のラインナップを発信。よりタイムリーな情報を共有できるので、ブログともすみ分けできる。パンの焼き上がり時刻をツイッターで知らせていくのも面白い。

★イベント情報
パン教室やワークショップといったイベントを開催することで、足を運ぶ機会のなかった新規顧客の獲得が期待できる。お店のコンセプトを発信する機会にもなるので、ホームページにイベントカレンダーをつくっておくとよい。

★ネット通販
遠方の人にもお店の味を知ってもらえるので、全国に顧客をつくることができる。受注生産なので売れ残る心配もなく、メリットは大きいが、通販の仕組みを整えるには費用がかかるので、ある程度軌道にのってからのほうが望ましい。

★検索サイト
飲食専門の情報検索サイトに登録しておくと、個人でホームページを開設するよりも、お店の存在を知ってもらえる可能性は格段に高くなる。ただし、店舗の情報をサイトに登録するには費用が発生する場合も多いので、確認が必要。

CHECK 26

「1日に何度も更新する暇がない」という場合は、本日のイチオシ商品をひと言ツイッターでつぶやくだけでいい。写真を添付すると、より効果的。またメッセージを添えておくと、お客さまとのコミュニケーションツールとしても使うことができる。

パン教室、ワークショップなど参加型イベントを開催しよう

異業種とのコラボレーションやワークショップ、教室といったイベントはお店のファンやリピーターを増やすいい機会。宣伝効果も期待できるので、積極的に開催しよう。

魅力的なイベントを企画して集客力アップを図ろう

とにかくたくさんの人にお店の存在を知ってもらおう

開店時のレセプションパーティやプレオープンイベントは、繁盛の基礎固めのためにもぜひ開催しておきたい。多くの人にお店のよさを知ってもらえるだけでなく、接客や段取りを確認できる絶好の機会でもあるからだ。問題や課題が見つかったら、オープンまでに改善しておこう。

レセプションを行わない場合でも、知人や友人、以前のお客さまにオープンの案内状を忘れずに出しておくこと。お店に足を運んでくれるだけでなく、口コミで情報を拡散してくれることも期待できる。

知り合いのお店にチラシを置いてもらうのも効果的。飲食関連のお店であれば、〝食〟に興味をもつお客さまが多いので、やみくもにチラシをばら撒くよりも来店の可能性は高い。異業種のお店であれば、自身では開拓できなかった新たなお客さまを取り込む機会につながるかも。とにかく、まずはできるだけ多くの人にお店の存在を知ってもらおう。

ワークショップや教室でお客さまを増やそう

お店がオープンしたら、お客さまが参加できるワークショップや教室といったイベントを開催してみよう。営業時間外や定休日にお店の空間を活用できれば無駄なく、定期的な収入が期待できる。

たとえば、費用を抑えたければ自身が講師となってパン教室を開けばいい。お店のコンセプトを知っても

らういい機会になるばかりか、お客さまと深いコミュニケーションをとることができる。

「ツナグベイク」（46ページ）では、スタッフが花と古道具のお店を経営しており、店内でもフラワーアレンジを販売していることから、お客さまを集めてアレンジづくりのワークショップを開いている。

パンをつくって売るだけでなく、人と人を「つなぐ」場でありたいという店主の藤本さんの思いに共感した人たちに好評だ。

異業種とのコラボレーションもまた有効だ。たとえば、カフェや雑貨屋といった店舗にパンを置いてもらうことにより、自分たちのお店を知ってもらう機会になる。商品を気に入ってもらえれば通販を利用してくれるかもしれない。また、コーヒーの移動販売などと手を組めば、相乗効果で売上げアップも期待できる。アイデア次第で、活動の場は無限に広げられるといっていい。

オープン前にはレセプションパーティを開催し、知人やマスコミ関係者にお披露目を。問題点や課題の洗い出しもしっかりしておこう。

プレオープンイベントでの確認項目

接　客

- 開店前の掃除
- 商品知識
- カフェスペースのセッティング
- オーダーの取り方
- 会計と開店後のレジ締め

製パン・調理

- 在庫の数量、鮮度
- 調理器具の場所
- パンの焼き上がり時間
- 調理器具の洗浄、片付け
- 翌日の仕込み
- 掃除、ゴミ出し

★ワークショップやコラボも検討しよう

参加型のワークショップ・教室

〈パン・食に関するもの〉
- パン教室
- 料理教室　● スイーツ教室
- コーヒー教室　● 紅茶教室
- ワイン教室

〈座学でできるもの〉
- カメラ　● 手芸　● 語学

★パンのメニューに関連しない教室は、お茶やパンを付けて、お店のファンを増やそう。

リピーターを増やすコラボレーションの例

- 他店舗への卸（カフェ・レストランなど）
- デパート・催事などへの出店
- フリーマーケットの出店・開催
- 移動販売との提携
- デザイナーとのコラボ商品の販売
- 契約農家の野菜や果物を販売
- 契約生産者のジャムやコーヒー豆の販売

★パートナーの商品を販売することで商品の層に厚みが生まれる。さらに、自店の商品を他に卸すことで、お店の宣伝に！

CHECK 27

プレオープンイベントの際は、アンケート用紙を配布し、今後の商品づくりやオペレーションに生かしたい。来ていただいた方には、ちょっとしたお土産や割引チケットを渡すと、開店後の再来店にもつながるのでぜひ用意しておこう。

どうすれば、固定客になってもらえるかを考えよう!

パンの味だけでなく、店内インテリアや販促物から
店主の思いが伝わることもある。
お客さまに「また来たい」と思わせるためにも、
気を抜けない部分だ。

インテリアや販促物でコンセプトをさりげなく伝える

店内インテリアは全体的なバランスと統一感を

パン屋は飲食店のように、長い時間滞在するお店ではないにしろ、そのお店の印象は内装、基調となる色づかいや、家具、雑貨などのインテリア選びで決まるといっても過言ではない。ジャンルを問わず、お店開業時のセオリーとして定着しているのが、「大きな面積を占める家具や雑貨から決めていく」という方法。

まずパッと目につく大物から決めていくと、全体的なバランスや統一感に気を配れるといわれている。

店内インテリアに一貫性のなさが目につく空間は、お店のコンセプトのブレ→店主が思い描くお店像への迷い→販売するパンへの情熱の薄さと、悪循環として連想される危険性をはらむ。

主食になり得る日常食・パンは、そのやわらかな印象からナチュラルなホワイトや木目を基調としたお店が多いが、たとえば「コメット」（32ページ）では、一般に飲食関係のお店の配色とするには使い方に注意が必要とされる爽やかなブルーがテーマカラーだ。

ただし、色は使い方しだいともいえる。ブルーはパンの焼き色である茶褐色の補色なので、パンを引き立てる色彩効果もある。お店が麻布十番商店街に近いこともあり個性を感じさせる点だ。

意外と難しいのが照明選びで、お店全体を明るくするのが優先か、パンが美味しそうに見えるのが優先か、迷うところ。メインの照明＋間接照明を使うなどの組み合わせで、得策を見つけたい。

お客さまの足を運ばせる お得感のあるフライヤー

美味しいパンを提供するのと同じくらい大事なことが、まず知ってもらい、忘れられない印象を与えるということ。開業時にはフライヤーを制作し、ポスティングや店頭もしくは近隣で配布するお店が多いのはそのためだろう。フライヤーにはお店の基本情報はもちろん、店名の由来や代表的メニューの簡単な紹介、地図を添えるとより親切。

お店によってはフライヤーがそのまま割引券として利用できる〝捨てられないフライヤー〟もあり、お客さまの「行ってみようかな」という気持ちを刺激する。ショップカードとポイントカードを一緒にしているお店も少なくなく、お客の収集欲をかき立て、それが再来店へとつながることもある。

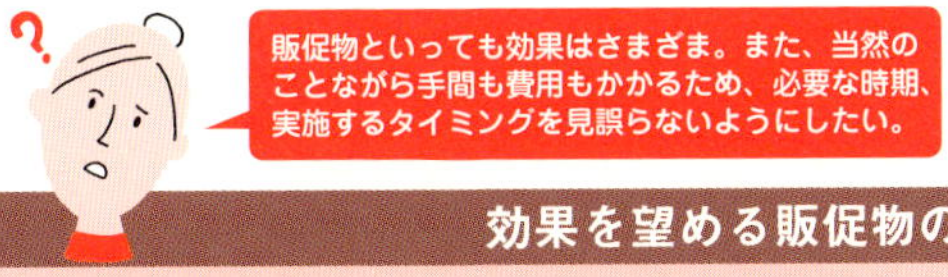
販促物といっても効果はさまざま。また、当然のことながら手間も費用もかかるため、必要な時期、実施するタイミングを見誤らないようにしたい。

効果を望める販促物の種類

フライヤー

自分のお店を知らない人に存在を知らせるものゆえ、インパクトの強いものをめざしたい。とはいえ、奇をてらったものではなく、最小限の基本情報は必須。ポスティングや街頭配布のほか、他店の店頭に置いてもらうなど、まずはなるべく多くの人の手に取ってもらえることを目的に。

ショップカード

ほとんどの飲食店、ショップに置いてあるカードは、まさにお店の名刺のようなもの。店名、住所、電話番号、営業時間、定休日のほかにも、スペースがあれば簡単なマップも載せるとかなり親切。名刺大の大きさがメジャーだが、型抜きや定形外など、その形でまず印象づけることもできる。

ポイントカード

お店が決めたポイント数を貯めると、何らかのサービスを受けられるカード。お客さまに「捨てられない」「集めたい」と思わせ、再びお店に足を運ばせる動機になることもある。カードにはお客さまの連絡先記入欄を設けると、顧客リスト作成時に役立つ。

割引券

商品の割引サービス券などは、お客さまに「安くなるなら行ってみようかな」と思わせる可能性の高いもの。開業時のみならず、新商品発売時など、この先力を入れたい商品にも使える。

ノベルティグッズ

お店の宣伝にもなるため、「今どきの広告宣伝法」ともいえる。ロゴを使ったノベルティグッズは、はじめはお店スタッフ限定のユニホームなどで制作。その後、お客さまからの問い合わせで商品化するというパターンも多い。これは開業時というより、ある程度お店が回転し出してからでもOK。

CHECK 28

お店のインテリアや販促物は、一本筋の通ったコンセプトだけでなく、センスも問われるところ。お店のロゴや商品を包装する袋などは、「広告宣伝の一環。必要経費」と割り切り、細部にまでこだわりたい。

目を惹く店頭看板でお客さまを誘導しよう

目を惹く強さはほしいけれど、
それだけでは効果は期待できない店頭看板。
お店のコンセプトをまとめた表現こそが
道行く人の足を止めさせることができる。

道行く人の目を惹き足を止めさせる工夫を

第一印象を与える看板は周辺環境を考慮する

お店の外観や店頭看板は、イメージを形づくる大きな要素となる。開業時に決めたコンセプトに合うデザインにするのはもちろんだが、お店の周辺環境をしっかり観察し、目に留めてもらえる工夫をすることも大切だ。

たとえば、飲食店の少ない住宅街や路地裏なら、派手な看板より控えめでもセンスを感じさせる看板のほうが「こんなところにお店が!」「何のお店だろう?」と、気にかけてもらいやすい。また、お店が面する路地へ行き着くよう、大きな通りからの誘導看板も一つの方法。

逆に商店街や人通りの多い駅前では、普通に看板を出しても「多くの看板の中の一つ」として埋もれてしまうため、スポットライトを当てたり、電飾を施したり、看板とともに目立つオブジェを置いたりと、周辺の飲食店との差別化を図る必要がある。

アイデア次第でアピール力が増幅

さらに店頭には、メニューをわかりやすく書き出した置き看板を配すると、通行人にお店の存在をよりアピールできる。日替わりで焼き上げるパンや、旬の素材を使ったパンを記すのが基本。日々書き替えられる看板は、お店の動きが感じられ、変化し続けるイメージをも与える。

また店頭の置き看板は手書きで商品名を書き、ちょっとしたイラストなどを添えると、グッと温もりが増す。最近では、お店や商品とは関係のないコメント……たとえばその時季に触れたコメントや、「今日は○○の日」などを書いている看板も多く目にする。地域密着型店をめざす場合はお店への親近感が増し、お客さまとの距離が縮まるきっかけになるかもしれない。

これらの置き看板は、材料費をそれほどかけず、専門業者に発注せずとも手づくりすることが可能。合板などの木材を2枚準備し、黒板塗料を塗って角材で脚をつくり、蝶番でつなげば、たためる置き看板の完成。

ほかにも、カッティングシートを用いたり、ペイントをしたり、タペストリーにロゴを印刷したり、お手製にすると看板のバリエーションは多種多様。アイデア次第でお客さまをお店に呼び込める、最強アイテムとなる。「お店の前を通る人は全員が潜在的なお客さま」。これを忘れず、力を入れたい。

お店の存在と、どんな商品・メニューを提供しているかを知らせる、お店に不可欠な看板。お客さまに「入ってみたい」と思わせる、誘導の工夫とは？

タイプ別看板の創意工夫

★インパクトのあるオブジェ

彫刻家に依頼してつくってもらったフランスパンのオブジェが看板代わり。顔があるインパクトのあるデザインは通行人の目にも留まりやすいはずだ。

SONKA

★手描き看板

入口が道路から奥まっているうえに、パン屋には見えないファサードでもあるので、はじめてのお客さまは迷いがち。パン屋であることがわかる置き看板も出して誘導している。

HANAKAGO

★オリジナルデザイン

店主自らデザインしたロゴを看板に。「つなぐ」という基本コンセプトをビジュアル化し、ショップカードやHPなどに一貫して表示することでオリジナリティと存在をアピールできる。

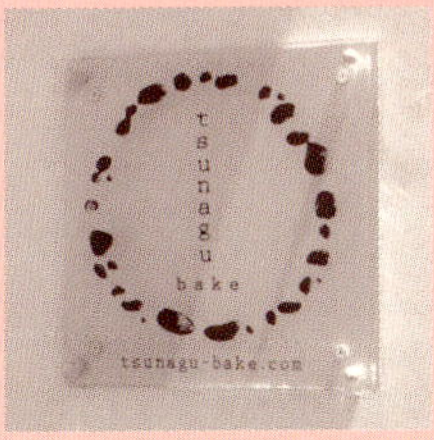

ツナグベイク

★手描きメニュー

手描き文字のメニューは親しみを感じさせやすい。パンだけでなく、冷たいドリンクがあることなどもアピールできる。日替わりメニューがあれば、書き換えるのにも手軽で便利だ。

日々舎

CHECK 29

お店のイメージ、コンセプトを表現するツールとして、専門業者やプロによるイラスト、デザインも多く見かける。まずはインパクトを与え、その次に簡潔かつわかりやすい情報で、道行く人の心をわし掴みだ。

自己管理をしっかりと!
開業1年めは基盤づくりを

ようやくお店をオープンできたからといって、安心するのはまだ早い。安定した経営のためにも、お客さまから長く愛される繁盛店めざし、長く続ける方法を考えていこう。

お店を長く続けるには、健康な体とさらなる努力が必要だ！

心身の健康を保つため労働時間、定休日を決める

早朝から夜まで、パン屋は長時間労働の仕事になる。そのため自己管理をしっかりしないと、毎日手づくりするパンの出来や、お店の雰囲気にも影響するのはいうまでもない。

実際に新規開店して人気店になったものの、健康を害して閉店にいたるというケースは珍しくない。

体調が悪かったり、心に悩みを抱えていると、パンは生きものなので手を通して伝わり、元気のないパンが出来上がる。また店頭や店内の清掃、接客態度がおろそかになることも考えられ、客足が遠のく原因になりがちだ。

心身ともに健康な状態でパンをつくれば、いつもより一層美味しくなり、活気にあふれた明るいお店になる。自分自身がいつもよい状態で働けるように、労働時間を決めてそれを守り、ずっと作業しっぱなしではなく休憩も取りながら集中して働くこと。時間に対する意識を高くもち、身も心もリフレッシュする定休日をきちんと設けることも必要だ。

リピート率の向上が安定した経営につながる

新規のお客さまが再来店し、普段使いをしてくれる固定客になることが理想だが、もしリピートにつながらないとしたら、問題点はメニュー、雰囲気、接客のどこにあるかを考えてみよう。リピート率を上げるもっとも重要な点は、パンの味と価格のバランスであることが多い。

■集中できる時間

大学の1講義が90分に設定されているように、人が集中できる時間は、75分から最大でも90分。立ち仕事を長時間続けていては、集中力がなくなり、生産性も低くなる。意識的に10〜15分程度の休憩をはさみながら、効率よく仕事をしよう。

もちろん、単に価格を下げればいいわけではない。お客さまに自分のお店のパンを選んでもらうための魅力が欠かせない。少し高めでも、何か理由があれば購入動機になるのだ。

そのためには定番メニュー、人気メニューを再点検するだけでなく、つねに新商品の開発に励むこと。簡単にできるものではないが、試行錯誤を重ねることで、本当に納得できるパンを提供できるようになるはず。

そのうえで人気のないパンはやめて、商品メニュー全体の構成を考え直すようにすること。もし価格で勝負するのであれば、周辺の相場と比べてお得な印象を与えるように、材料、仕入れなどを見直す必要もある。

開業1年目は、日々の問題点や課題を洗い出し、軌道修正しながら、お店を長く続けていくための基盤をつくる期間と考えたい。試行錯誤してお店をつくっていくことが、固定客の定着、スムーズな仕事の流れ、収支の安定につながるはずだ。

オープンはスタート地点に立ったに過ぎない。まずは地域で根づくお店になるには何をすればいいかを考えよう。

お店を長く続ける8つのコツ

1 パートナーシップを築く
お店の基盤で重要な役割を果たすのが人間関係だ。スタッフ、仕入れ先の人との連携なくしては、お店の運営は難しい。良好な関係を築いていく努力を怠らないようにしたい。

2 近隣住民とコミュニケーションをとる
いざというときに助け合ったり、トラブルを未然に防ぐためにも、近隣住民との付き合いは大切。お客さま一人ひとりが人の輪を広げてくれるので、よい関係性を保つことで人のつながりが広がり、よい循環が育まれる。

3 個人店にしかできないことをする
珍しい食材を使ったり、特定のターゲットにアピールしたり、個人店のよさを生かして、自分のお店にしかできないことを模索しよう。時代の変化に応じて臨機応変に対応するフットワークの軽さも必要。

4 長い目でお店を育てる
思った以上に売上げが伸びず、苦しく不安な日々が続くのは普通のこと。すぐに結果を求めず、改善点を試行錯誤しながら、長い目でお店を育てていくという、大きな視点と気持ちの余裕をもつこと。

5 新たな資金調達の方法を考える
開店後、予想どおりに売上げが伸びなければ、用意していた運転資金はどんどん目減りしていく。開業後に追加で融資を受けたり、パンの売上げ以外で収入源を確保することも検討しておく必要がある。

6 利益の一部はプールする
固定客が増えてお店の経営が安定してきたら、利益の一部をプールしておこう。設備のメンテナンスや内装のリニューアルのための資金を確保する計画に、早いうちから取り組んでおくこと。

7 お店だけで過ごさない
日々の業務に忙殺されて、お店だけで過ごすようにならないこと。休憩時間や定休日には新しくて活気のあるお店や、長く続いているお店に足を運んでみよう。メニューや雰囲気、接客などの点で学ぶことがあるはず。

8 パンが好き！な気持ちを大切にする
もっとも大切なのは、パンが好き、仕事が好きという気持ち。好きだからお店を開業して、この仕事をしているという信念をもたなければ、継続していくことは難しい。

CHECK 30

焼き立てのパンを製造販売するのはパン屋だけではない。カフェやレストランはもちろん、近年はバルやバールなどでも自家製パンを提供するお店が珍しくない。それだけパンの食べ方が広がっているといえる。パン屋以外のお店にも出かけてみよう！

STAFF／企画・編集：Business Train（株式会社ノート）
編集協力：小寺賢一・永峰英太郎・三浦顕子・坂東聡子・原田貴世
撮影：坂田隆・板垣貴幸・辻茂樹
カバーデザイン：中野岳人
本文図版作成・DTP：椛澤重実（ディーライズ）
本文イラスト：佐藤隆志（店舗）・山村裕一

【著者紹介】
Business Train（株式会社ノート）

起業・開業・ビジネス分野のコンテンツ制作から支援まで行うエキスパート集団。小さな会社やお店の取材は500件を超え、現場から抽出した実践重視の解説で高い評価を得ている。著書に『小さな「バル」のはじめ方』（河出書房新社）、『はじめてでもうまくいく！ 飲食店の始め方・育て方』（技術評論社）、『小さな会社 社長が知っておきたいお金の実務』（実務教育出版）、『フリーランス・個人事業の青色申告スタートブック改訂5版』（ダイヤモンド社）、また主要メンバーの編集協力作品に『お店やろうよ！ シリーズ①〜㉗』（技術評論社）など多数。
問い合わせ先：info@note-tokyo.com

本書の内容に関するお問い合わせは、お手紙かメール（jitsuyou@kawade.co.jp）にて承ります。恐縮ですが、お電話でのお問い合わせはご遠慮くださいますようお願いいたします。

※本書は2012年10月に小社より刊行された『小さな「パン屋さん」のはじめ方』を新規取材に基づき、大幅に改稿・再構成したものです。
※本書の内容につきましては、2017年7月現在の情報に基づいて編集しております。価格、メニュー内容などは変動することがありますのでご注意ください。なお本書に記載されている内容につきましては、将来予告なしに変更されることがあります。

最新版 小さな「パン屋さん」のはじめ方
〜“毎日食べたい”と思われるお店づくりのコツ〜

2017年10月20日　初版印刷
2017年10月30日　初版発行

著者　Business Train（株式会社ノート）

発行者　小野寺優
発行所　株式会社河出書房新社
〒151-0051 東京都渋谷区千駄ヶ谷2-32-2
電話　03-3404-1201（営業）
　　　03-3404-8611（編集）
http://www.kawade.co.jp/

印刷・製本　三松堂株式会社

Printed in Japan　ISBN978-4-309-24833-2